魔术记忆

30分钟释放记忆力潜能

[美] 凯文・特鲁多/著　易惠娟/译

北方文艺出版社

黑版贸审字 08–2023–036号
KEVIN TRUDEAU'S MEGA MEMORY

图书在版编目（CIP）数据

魔术记忆：30分钟释放记忆力潜能 / (美) 凯文·特鲁多著；易惠娟译. -- 哈尔滨：北方文艺出版社, 2023.11

书名原文: Kevin Trudeau's Mega Memory

ISBN 978-7-5317-6010-8

Ⅰ. ①魔… Ⅱ. ①凯… ②易… Ⅲ. ①记忆术 Ⅳ. ①B842.3

中国国家版本馆CIP数据核字(2023)第161332号

魔术记忆：30分钟释放记忆力潜能
MOSHUJIYI 30 FENZHONG SHIFANG JIYILI QIANNENG

作　者 / [美] 凯文·特鲁多
译　者 / 易惠娟

责任编辑 / 赵　芳
封面设计 / 烟　雨

出版发行 / 北方文艺出版社
邮　编 / 150008
发行电话 / （0451）86825533
经　销 / 新华书店
地　址 / 哈尔滨市南岗区宣庆小区1号楼
网　址 / www.bfwy.com

印　刷 / 河北京平诚乾印刷有限公司
开　本 / 710mm × 1000mm　1/32
字　数 / 200千
印　张 / 11.5
版　次 / 2023年11月第1版
印　次 / 2023年11月第1次

书　号 / ISBN 978-7-5317-6010-8
定　价 / 59.00元

目 录

前 言

第一部分 魔术记忆

第二部分　进阶魔术记忆

前言

如何使用本书

世界不是现成的，而是我们不断经历、分类、记忆，再联结，才构建起我们的世界。

——火星人类学家，奥利弗·萨克斯

想赚更多钱？想增加智慧？想让遇到的每个人都对你印象深刻？所有这一切你都可以拥有，甚至更多——只要你学会魔术记忆法。

想象一下，你在聚会上遇到五十多位不认识的人，几个小时后，你能一一叫出他们的名字并跟他们从容道别，那有多好；想象一下，你能脱稿演讲，能随时记得约会日期、待办事项、地点方位、电话号码、戏剧台词、诗词歌赋、事实真相、数据图表；想象一下，你是个备考的学生，能清楚记得每个可以让你获取高分的知识点，更重要的是，你只需要花三分之一的时间，就能取得跟别人同样优秀的成绩。你对自己的能力充满自信，因为你拥有超强的记忆力。

学会魔术记忆法，所有这些你都可以拥有。听起来像在推销？并不是。因为你本来就拥有堪比照相机的即时记忆能力，只是静待发掘而已。运用魔术记忆法，你就能发掘你的天生记忆力，随时记住你的所见所闻，还有转瞬即逝甚至以为已经忘记的事。唯一的问题是，你拥有这样强大的记忆能力，强大到堪比高性能计算机，而你并不自知。通过本书的记忆力训练，你就能发挥这种力量。

魔术记忆法会教你如何处理新的信息。你将学会把你的所见、所闻、所经历的按一定的顺序排列，以便日后能随时回忆起来。在这里，“顺序”是魔术记忆法的基础。大脑就像一个文件柜，你把备忘录、信件、报告、笔记和文件放到适当的位置，你越有条理，需要的时候，就越容易检索。这个概念很简单，却又强大而实用。

跟很多学生一样，我在学业上也曾经遇到一些困难，尤其是记忆方面。高中时情况尤为糟糕，好几个老师都说我可能患有学习障碍症。这促使我自学记忆方法，了解大脑的工作机制。后来我发现我并没有学习障碍，只是记忆力欠缺训练。

在本书里，我会展示如何整理信息、如何训练记忆力。魔术记忆法是一门“学中用”的技术，所以阅读本书时我们会同时进行记忆训练。学习记忆法就像学习骑自行车、慢跑或者游泳——你必须全身心投入，才能取得最佳效果。但骑上自行车前、马拉松长跑前、长距离游泳前，做好事前准备也很重要。魔术记忆法也一样，它包含实践练习和技巧讲解两部分。实践练习可以活跃大脑，为在实际中应用记忆技巧做好准备。按照书中的实践练习认真去做，你将会得到预期的效果。

阅读本书的基本规则

为了最大限度发挥魔术记忆法的效用，阅读本书时请遵循以下基本规则：

1. 按章节顺序阅读。本书每一章节都承接了前一章节的内容，按顺序阅读能让你活学活用快速上手。正如跑步前不做热身运动以使肌肉和关节变得灵活，跑起步来有可能受伤；下水游泳前没有做热身准备，在水里就不能很好地施展功夫。没有打下牢固的基础，你就无法发挥魔术记忆法的强大威力。所以不要循着目录，只挑感兴趣的章节来读。你要从头开始，按顺序一章一章地阅读，掌握一章再读下一章。

2. 学习每一章应该在 20~30 分钟内完成。每一课都设置有一定量的阅读材料，掌握这些知识并不需要太多时间。一边阅读，一边运用所学的技巧跟着练习，完成一章用时不会超过半小时。我以这种方式写作本书是有原因的。人们专注于某事的时间只有这么短，超过半小时注意力就会转移。不要过量学习，每天完成一章效果最理想。

3. 如果每天学习超过一章，每章之间休息 10~15 分钟。每个人学习的效率不同。如果你对知识消化良好，想多学点，也没关系。但注意学完一章要休息一会儿，放松大脑，下意识回顾刚刚学过的内容，再继续下一章，这样才不会让自己身心疲惫。

4. 学习时要专心致志。本书旨在让你享受学习的乐趣，但你必须专心致志。找一个安静的地方，保持心情愉悦，然后，开始吧。

5. 抽空学习。每个章节的内容不多，不管什么时间——早上，放学后，下班后，晚上，都可以学完。你只需要准备好纸和笔。如果你已经决心开始学习，先给自己制订一个日常学习计划，认真执行，不要找借口拖延，就更容易坚持。

6. 学习之前，尽量不要吃东西。非要吃的话，吃得清淡些。建议用餐后过几个小时再开始学习。因为进食后，血液会涌向胃部帮助消化，大脑供血暂时不足，不能高效运转，思维会变得迟钝，注意力也会涣散。

首先，不要饮酒。其次，不要吃油腻重口味的食物。再者，阅读前几个小时不要吃糖和面粉类食物。你可能会对这个说法感到惊讶，后面的章节我们会讲到这些食物对记忆力的影响，不过现在刚开始，你只需要知道糖和面粉类食物会让人的感官变得迟钝，让人意识恍惚，无法集中注意力。如果你真正想提高记忆力，离它们远点。也不要喝苏打水和汤力水，这些饮料里的糖分会影响你的注意力。很多人一边看书一边喝苏打水或者吃零食，这是很糟糕的。

7. 阅读时不要做任何笔记。从小到大，我们接受的教育是“好记性不如烂笔头”。读了本书，你会发现，你用笔做笔记时，效果恰恰相反。写下来的动作往往下意识地告诉你：这不需要用脑记——毕竟，你已经“记”下来了嘛！只有我告诉你要写下来时，或者做关于“写”的练习时，你才可以动笔。其他时候，甚至不要准备纸和笔。

可教性指标

开始阅读前，有几件事情需要准备。第一件关乎你对待本书的记忆方法的学习态度。我称之为“可教性指标”。

它决定我们学会任何知识的难易程度。这个可教性指标有两个变量：

1. 学习的意愿

2. 接受改变的意愿

每个变量可以用 0 到 10 的等级来衡量。把这两个变量的数值相乘，就可以得到总指标值，分值为 0~100 之间的任意值。

至于第一个变量，我相信，每个愿意在书籍、磁带以及其他提升自我的项目上投入时间和金钱的人，都有强烈的学习意愿。如果没有学习记忆技巧的强烈愿望，你就不会花钱买这本书，当然也不会花费宝贵的时间来读它。所以对第一个变量，给自己打10分。

那什么是接受改变的意愿？有些人的生活方式一成不变，让他们做出改变很难。现在的电脑革命就是一个完美的例子。电脑进入到我们生活的各个领域，事实证明它非常高效。但很多人仍然抗拒使用电脑，不论是出于对新事物的恐惧，还是烦扰于学习使用新工具的“开头难”，他们就是不愿意跟电脑打交道。

如果你是上面说的这类人，在“接受改变的意愿”这个变量上，你得了0分。想一想这对你的“可教性指标”意味着什么。即使“学习的意愿”得了10分，10乘以0是多少？还是0。如果你不愿意改变，你的可教性指标就是0。

如果你是那些乐于接受电脑革命的人，又会怎么样呢？可能最初会有点儿害怕，或者刚开始学习使用电脑时会经历“迷茫期”，你仍然乐于学习。也许刚开始学习电脑的时候，工作效率没有提高，反而更慢了，但现在你学会了，感觉如何？你还愿意回到过去用打字机来打字吗？这样，你“接受改变的意愿”就是10分，你的“可教性指标”接近100分。

我用学习电脑的例子做比较，是因为学习魔术记忆法的情形跟它一样。本书可以引导你接触不同的思考方式。一开始的练习可能让你觉得不那么有趣，乍看起来有些技巧可能有点复杂，难以掌握，但总体是很有意思的。学习会有低谷期，但相信我，穿越低谷就是一马平川。刚开始那几天你可能会抓耳挠腮，但当你看到记忆力得到惊人提高后，你会兴奋无比，学习的动力也会更足。

需要再三强调的是：一定要保持积极的学习态度。如前文所述，由于这本书独特的编排方式，每一章都承接了上一章的内容，因此，按顺序阅读很重要。你要确保已经掌握一章的知识，再继续往下学习。我会反复强调这一点，因为我希望你认识到牢固的基础对于掌握魔术记忆法有多么重要。

记住，刚开始时我们主要通过练习打基础。你路过建筑工地的时候，通过观察地基有多深，就可以估算这幢楼能起多高。学习魔术记忆法也同此理。我们会先打基础，基础越坚实，记忆力的提高越惊人。

书中有些练习会让你想笑，有些很有趣，有些会让你觉得很疯狂甚至愚蠢。像接受春训的棒球运动员上场前必须先做俯卧撑和仰卧起坐一样，你也要先做心理健身操，扩展并集中你的注意力。学会接受改变，对这些练习敞开心扉，认真遵循书中的引导，不知不觉你就能发挥出惊人的记忆潜能。

学习动力与技巧

任何类型的培训计划或者学习课程，都需要在两个主要方面取得平衡：

1. 学习动力

2. 学习技巧

如果这两者失衡，设计者就应该重新审视这门课程，肯定有哪里出错了。如果动力有余而技巧不足，只能学成一个自以为是的傻瓜。这些人自以为学到了很多，其实所知甚少，这种情形时间一长就会很明显。这跟推销员很像——推销员总是对他们的产品或服务侃侃而谈，但其实知之甚少，顾客轻易就能看穿。反之，如果一门课程教授技巧有余而提供动力不足，人们就会感到厌烦，失去学习动力，不管学习内容价值几何，也逃不过被束之高阁的命运。

设计魔术记忆法训练时，我非常重视这一点。本书每一章都提供了一些小提示，帮助你通过练习，一步一步学会如何应用学到的技巧。学会记忆技巧的同时，还能获得学习信心。持续下去，练习会变得更容易，实践应用也会更刺激，你的学习动力也会随之增加，并推动你继续学习后面的章节。

学习魔术记忆法的四个阶段

学习魔术记忆法，你会经历四个阶段：

第一阶段：无意识无能

第二阶段：意识无能

第三阶段：意识能力

第四阶段：无意识能力

第一阶段是你学习魔术记忆法之前的状态：你不知道自己不知道什么。或许你对自己的记忆力不甚满意，或者认为自己的记忆力很好，但无论如何，你安于现状。你不知道自己有着惊人的记忆潜力等待发掘，你没有意识到记忆情况能在多大程度上得到改变，所以处于“无意识无能”阶段。

但现在你开始阅读这本书，初步认识到可以做些什么来展现记忆力，这样，你就迅速进入了第二阶段——意识无能。你很快认识到对于记忆力你能做什么，不能做什么。你意识到记忆力存在提高的余地，并想要在这方面寻求帮助。也许你知道有人读过这本书，或者参加过我的研讨会，也许你看到有人展示了他们的超级记忆力，你心想：他能，我也能！你想得对极了！

大约一周后，你会到达第三阶段——意识能力。现在的情形令人激动不已，因为你知道自己知道什么。学习魔术记忆法初见成效。你跟着我做练习，并开始可以在现实情形中应用一些记忆技巧。事情不会一帆风顺，但变化正在发生。这个阶段很像学习驾驶手动挡汽车。学会基本技巧后，就迈进了“意识能力”阶段，因为你需要先回想每一个步骤，才知道该怎么操作。“我想想……先踩离合，挂一挡，松开离合，加点儿油……”或许会熄火，但你已经上路了。

三四周后，你就步入了第四阶段——无意识能力。在这一阶段，你学到的记忆技巧已经成为你的第二天性，就像系鞋带、呼吸、走路那么自然。

这是本书最令人激动的地方，它会让你达到可以无意识运用这些记忆技巧的境界，我称之为“自动驾驶”。从 1981 年教授魔术记忆法以来，我收到了许多来自世界各地的信件。对很多人而言，达到第四阶段可谓是质的提升，就像打开了记忆的闸门。人们发现自己能自动回忆起很多东西，甚至他们都不知道自己记得这些事情。认真按照本书所教授的记忆法学习，我保证不出几个星期，你也可以达到第四阶段的水平。

最后，我方才提到过，我收到了许多读者来信，他们从魔术记忆法中获益，我非常高兴。我希望你按照书中的指引，读完这本书以后，也能给我写信分享你成功的故事，我想听听魔术记忆法如何影响了你的生活。

也许超强的记忆力让你获得了升职，增强了自信心，或者让你有了更好的人生规划，为你赢得了众人的钦佩。我想听听这些成功的故事。我希望有一天能去你的城市举办一次魔术记忆法的研讨会。届时，我期待能和你们共聚一堂，同求进步。

我衷心希望，这本书能满足你所有的需要，它可能不同于你读过的其他书，在某种意义上，我们是在互动。我希望在互动中，教会你这项突破性的记忆法。我相信这本书一定会让你获益，超乎你的期望。现在让我们开启魔术记忆的旅程吧。

魔术记忆法的基本规则

1. 必须按顺序学习每一个章节。

2. 每一章应在20~30分钟内完成。

3. 如果每天学习多于一章，两个章节之间要休息10~15分钟。

4. 学习时要专心致志。

5. 抽空学习。

6. 学习前，尽量不要吃东西。

7. 阅读时不要做任何笔记。

可教性指标

学习的意愿 × 接受改变的意愿

学习魔术记忆法的四个阶段

第一阶段：无意识无能。你不知道自己不知道什么。

第二阶段：意识无能。你知道可以做什么，但你还做不到。

第三阶段：意识能力。你有意识地运用魔术记忆法来记忆。

第四阶段：无意识能力。你能自发应用魔术记忆法。

第一部分
魔术记忆

第一章　学习联想记忆

做一个小小的记忆力测试来开启我们魔术记忆力旅程的第一站吧。我提供一个词语列表，你需要做的就是按顺序记住这些词语。看过这些词后，合上书本，试着把它们默写下来，看看你能记住多少。可能结果不尽如人意，但没关系，因为再过十五分钟，你会看到记忆力得到惊人的提高。不要被自己的进步吓到!

备好纸笔，坐好，放松。现在读一遍下面的清单，尽量记住这些词。读完后，合上书，试着按顺序写下你读到的词语。这大约需要五分钟，然后打开书对照检查。词语列表如下：

1. 树
2. 电灯开关
3. 凳子
4. 汽车
5. 手套
6. 手枪
7. 骰子
8. 溜冰
9. 猫
10. 保龄球
11. 球门
12. 鸡蛋
13. 巫婆
14. 戒指
15. 工资
16. 糖果
17. 杂志
18. 投票箱
19. 高尔夫俱乐部
20. 香烟

现在请默写这些词语。

1.________	8.________	15.________
2.________	9.________	16.________
3.________	10.________	17.________
4.________	11.________	18.________
5.________	12.________	19.________
6.________	13.________	20.________
7.________	14.________	

把写好的词语跟书里的列表对照，在正确的词语旁边打上对号。记住，你写的顺序必须跟书里一致，否则即使你记下了“香烟”，但把它写在第一个，也不能作数。按正确的顺序写下来才算对。这一点很重要。因为我认为人应该建立优势，而非强化弱点。换言之，我希望你关注自己做对了什么，而非做错了什么。（这跟学校教育大相径庭。在学校，老师总是告诉孩子们做错了什么，而不是关注他们做得好的地方。我念书时也有过这样的经历。）关注错误于建立信心无益。而信心，恰恰是学习魔术记忆法急需的。

统计正确的答案，把总数写在纸的最上方，圈出来。约有90%的人能按正确顺序写下来的词语不到五个。如果你写对的词语少于五个，你就属于这大部分人。如果多于五个，你应该为自己的记忆力感到自豪。你属于那10%。不管是哪一种情况，学完本章你会看到自己获得了很大的进步。

联想记忆

在做第一个练习前，我们先讨论一下联想记忆法。联想记忆法几乎是每个记忆专家都再三强调必学的一种记忆法，也是许多记忆训练法的基础。联想记忆，就是把要记的东西和已经记得的东西联系起来，比如把一个字和某个名字联系起来。比如你想要记五大湖（休伦湖 Huron、安大略湖 Ontario、密歇根湖 Michigan、伊利湖 Erie、苏必利尔湖 Superior），可以联想它们首字母的缩写，HOMES（家），这样很容易就记住了。

我在研讨会上提到联想记忆时，很多人觉得它笨拙、无效又老套。有一点他们说对了，联想记忆有时好用，有时无用。某些时候它很有用，比如记忆五大湖时。但在很多快节奏的现实场景中，比如聚会或商务会议，建立缩略词就显得过于烦琐，根本没有时间进行联想。在这种情况下，联想记忆就不实用。

如果你讨厌联想记忆，可以告诉你一个好消息，魔术记忆法并不是联想记忆。虽然我们会用到这个技巧做一些练习，但我们要做的远远超过联想记忆能做的。在这里之所以要讨论联想记忆，原因有三：

1. 了解联想记忆能让你从一开始戒掉坏习惯。

2. 它能提高大脑的思考速度。

3. 它能让你理解大脑是如何工作的。

首先，联想记忆普遍存在。不过现在你可以抛开这种想法。正如前面所说，联想记忆太局限。这本书不是为了限制住你的思维，恰恰相反，我们要扩展它。

其次，虽然联想记忆有它的局限性，却是一种训练脑力的有效工具。脑力训练能让思维更活跃，从而记忆得更快。因此，虽然在魔术记忆法中只占很小的部分，我们也会偶尔练习一下联想记忆。

最后，最重要的是，我会用联想记忆来解释一个重要概念——大脑是如何工作的。

2 页列表里的词语——树、电灯开关、凳子、汽车、手套等——有什么共通之处呢？你怎样对它们进行联想？你说它们都是能用图像想象出来的物体？完全正确！如果你熟悉这些词语，它们就能在你的脑子里形成图像。这很重要，因为魔术记忆法最基础的概念是：**我们是通过图像来思考的。**

大脑通过图像来思考。图像是大脑的语言，是大脑最容易理解的东西。人的大脑就像一台照相机，咔嚓咔嚓按下快门，再以各种形式重组再现出来。

你可能会问：你确定是这样吗？你确定我们不是用文字、用抽象的思想或用概念来思考的吗？我工作室的很多学员也这样问过。当然不是。我们是用图像思考。

举个例子。我现在说："不要去想大象。"你脑子里马上会出现什么东西？是一头庞大的灰色动物，而不是"大象"这两个字，对吗？因为一看到“大象”这个词，你脑子里只会浮现真实的大象的形象。

再举个例子。如果让你形容你家的沙发，你会这样说：它有蓝色的条纹，左角有条缝。你描述的时候，脑子里是会浮现“沙发”“蓝色”“左角有缝”这些词语，还是会浮现沙发的图像呢？当然是图像。

苹果公司生产出了火爆市场的Mac（苹果电脑），然后IBM（国际商业机器公司）电脑也开始使用Mac首创的图标功能。图标是电脑屏幕上的图像，让用户使用起来更便捷。比如，屏幕上有“回收站”的图标，如果你想删除电脑里的文件，只需要把文件拖进回收站。这种操作对用户友好，因为人们更容易理解图像，苹果公司率先认识到了这一点。

孩童时期，我们也是通过图像来认识世界的。爸爸妈妈拿着杯子，对我们说：“杯子。”我们看着杯子，跟着说：“杯子。”才学会把“杯子”的发音和“杯子”的实物形象联系起来。听见这个词，我们脑子里就会出现杯子的图像。如果爸妈只跟我们描述杯子的样子，却没有给我们看过它，我们能知道杯子是什么吗？

这就是为什么HOMES记忆法如此受欢迎。每个学生都知道自己的家，把五大湖跟HOMES联系起来，实际上是在脑中勾勒出一幅家的画面。这个画面很容易记住。他们能念出每个字母，就能记住五大湖的名称。

如果我问你，你晚上会用文字做梦吗？你可能都要笑了："凯文，我当然不用文字做梦，梦里都是图像。"完全正确！你是用图像来做梦的，你的潜意识用图像和你交流。联想记忆利用了潜意识中的图像，但仅仅触及其强大力量的冰山一角而已。

树清单

现在你知道了视觉图像的重要，是时候释放它的能量了。第一个练习，你要学会用图像代表 1 到 20 的数字。我会用刚刚测试过的二十个词语替换它们。我会告诉你为什么要把数字和图像一一对应起来，为什么会想到它们之间的联系。阅读的时候，我希望你也思考一下存在类似联系的情形。

数字 1 和树

在脑子里想象一棵树，树干看起来像"1"的形状，对吗？我们就用这个联系记住"树"就是"1"。

数字 2 和电灯开关

有几种联想可以帮助我们记住"电灯开关"就是 2，这个词由"电灯"和"开关"两个词组合而成；电灯开关有两个位置——开 / 关，上 / 下；将开关面板固定在墙上需要两个螺丝；电流从两个方向通过开关。想到电灯开关的时候，我脑子里就会出现这些联想，它们提醒我把数字 2 和"电灯开关"联系起来。

数字 3 和凳子

“凳子”和 3 又有什么联系呢？三条腿。想到三条腿的时候，我就会想起凳子。

数字 4 和汽车

4 就是汽车，这个很简单。我为什么用汽车代表 4？你自己先想一想。可能你会说，四个轮子，四个车门，四个汽缸，四个乘客，四轮驱动等。一大堆联想可以让你记住“汽车”就是 4。

现在我重复这些图像，请你回想这些图像分别对应什么数字。树是什么数字？为什么？因为树干看起来像 1。电灯开关是什么数字？为什么？因为我们看到它会想起两个词上 / 下、开 / 关、亮 / 暗。凳子是什么数字？为什么？因为有三条腿。汽车又是什么数字？为什么？因为有四个轮子、四个车门、四个汽缸。

数字 5 和手套

5 代表“手套”，为什么？当然是因为五根手指。

数字 6 和手枪

6 为什么代表“手枪”？六发式左轮手枪、六发子弹、六个弹仓。这些都能帮我们把 6 和“手枪”联系起来。

数字 7 和骰子

7 和“骰子”呢？幸运数字 7，或者摇骰子时你想要摇出什么？“出 7 出 7，要么 11。”

数字 8 和溜冰

8 和“溜冰”呢？溜 8 字形？八个轮子的溜冰鞋也行。

现在复习一下。手套是什么数字？为什么？五个手指。手枪呢？为什么？六个弹仓、六发式左轮手枪、六颗子弹。骰子是什么数字？你摇骰子时想要什么，幸运数字 7。溜冰是什么数字？为什么？溜冰鞋有八个轮子，溜 8 字形。

数字 9 和猫

9 是“猫”。为何？猫有九条命嘛，或者九尾猫。

数字 10 和保龄球

10 代表“保龄球”，十个计分格、球重十磅、十瓶全中、十柱保龄球。

回顾一下。树是什么数字？为什么？树干看起来像“1”。电灯开关是什么数字？为什么？两个词语，开 / 关、亮 / 暗、上 / 下。凳子是什么数字？为什么？三条腿。手枪是什么数字？为什么？六个弹仓、六发式左轮手枪、六颗子弹。汽车是什么数字？为什么？四个车门、四个汽缸、四个轮子。手套是什么数字？为什么？五个手指。溜冰是什么数字？为什么？溜 8 字形、八个轮子。保龄球是什么数字？为什么？十个计分格、球重十磅、十瓶全中、十柱保龄球。猫是什么数字？为什么？猫有九条命，九尾猫。骰子是什么数字？玩骰子时最想看到——幸运数字 7。

希望此时你已经学会自己寻找事物之间的联系。你能理解我们在做什么吗？联想就是把要记的（二十个词语）和已知的（数字 1~20）联系起来，这种关联能帮助你记住这些词语。

数字 11 和球门

11 对应“球门”，为什么？球门看起来像数字 11。也有人会联想十一个人在踢足球。

数字 12 和鸡蛋

12 为什么对应“鸡蛋”？一打鸡蛋，正好十二个。

数字 13 和巫婆

13 对应“巫婆”，为何？我记得一个不吉利的日子，13 号黑色星期五。

数字 14 和戒指

14 为什么是“戒指”？14 克拉钻戒，或者 2 月 14 号情人节。

现在我们复习一下。保龄球是什么数字？为什么？十个计分格、十柱保龄球、球重十磅、十瓶全中。鸡蛋是什么数字？为什么？一打鸡蛋，正好十二个。球门是什么数字？为什么？球门看起来像 11。戒指是什么数字？为什么？14 克拉钻戒。猫是什么数字？为什么？九命猫。手套是什么数字？为什么？五根手指。汽车是什么数字？为什么？四个车门、四个汽缸。

数字 15 和工资

15 是“工资”。为什么把“工资”和 15 联系在一起？很多上班的人都在 15 号发工资。

数字 16 和糖果

16 和“糖果”怎么联系呢？糖果般甜美的十六岁花季，或者十六根蜡烛。

数字 17 和杂志

为什么 17 是“杂志”呢？因为有一本杂志叫《17》。

数字 18 和投票箱

18 和“投票箱”是什么关系呢？这个很明显嘛——到十八岁你就有了投票权。

数字 19 和高尔夫俱乐部

那 19 和“高尔夫俱乐部”呢？第十九洞（高尔夫行话中指会所中的酒馆）。

数字 20 和香烟

20 和“香烟”呢？一盒香烟有二十根。

复习一下。工资是什么数字？为什么？每月 15 号发工资。香烟是什么数字？为什么？一盒香烟二十根。投票箱是什么数字？为什么？ 18 岁你就可以参与投票了。高尔夫俱乐部是什么数字？为什么？第十九洞。巫婆是什么数字？为什么？ 13 号黑色星期五，不吉利的日子。戒指是什么数字？为什么？ 2 月 14 号，14 克拉钻戒。杂志是什么数字？为什么？《17》杂志。糖果是什么数字？为什么？甜美的十六岁花季，或者十六根蜡烛。

现在我提示二者的联系，你来说数字和对应的词语。你会发现，我一说出关联，你脑子里会立刻浮现相应的数字和词语。

我们开始吧。腿，你会立刻想到3和“凳子”。轮子，你马上会想到4和“汽车”。

想到一盒，你就能想到20和“香烟”。能投票的年龄呢？18和“投票箱”。甜蜜的年纪？16和“糖果”。上/下、开/关、亮/暗呢？你肯定已经想到了，2和“电灯开关”。树干？1和“树”。手指呢？5和“手套”。8字形、8个轮子，8和“溜冰”。几条命和尾巴？9和“猫”。球瓶和计分格？对，就是10和“保龄球”。有几个人上场踢球？11和“球门”。一打？12和“鸡蛋”。不吉利的事，赶上星期五？13和“巫婆”。情人节，钻戒几克拉？14和“戒指”。发工资的日子？15和“工资”。杂志的名字？《17》。洞数？对了！第十九洞，想到19和“高尔夫俱乐部”了吧。把数字当名字的是？《17》和“杂志”。幸运数字？谁和11？7和11，即7和“骰子”。子弹呢？对了，是6和“手枪”。看到这些联想怎样帮你记住数字和对应的词语了吗？

接下来请看下面的树清单，并把这些联想大声地读出来。大声朗读对训练魔术记忆很重要。研究表明，人拥有神经肌肉的记忆。大声说出来，能加强记忆，因为此时大脑不仅需要思考，还需要指挥声带把它说出来。以后我会经常要求你大声说出来。和朋友或同事一起练习更好，一个提示，一个练习，然后互换角色。但不管怎样，无论有没有伙伴，最重要的是，大声说出来。

现在看树清单吧。把每个数字和词语以及它们之间的联系大声读出来，然后闭上眼睛，在脑子里给每个词创造一幅图像，反复联想。开始吧。

树清单

数字	联想	词语
1	看着像树干	树
2	上 / 下，开 / 关，亮 / 暗	电灯开关
3	三条腿	凳子
4	四个车门，四个轮子	汽车
5	五个手指	手套
6	六发式左轮手枪	手枪
7	幸运数字 7	骰子
8	8 字形，八个轮子	溜冰
9	九条命，九尾猫	猫
10	十柱保龄球，十瓶全中	保龄球
11	看起来像 11，一个足球队有十一个球员	球门
12	一打	鸡蛋
13	不吉利，13 号黑色星期五	巫婆
14	14 克拉，2 月 14 号情人节	戒指
15	每月 15 号发工资	工资
16	甜美十六岁	糖果
17	有一本杂志叫《17》	杂志
18	18 岁才能做的事	投票箱
19	第十九洞	高尔夫俱乐部
20	一盒二十根	香烟

对于刚才的练习，最要紧的是记住二者的联想方法，而非记住那些词。例如，看到 5 的时候，不要关注“手套”，而是应该关注 5 让你联想到的手指。你只需要在脑子里想象手指的图像。5 能让你联想到手指，因为它们是联系在一起的。那手指会让你想到什么呢？“手套”。看到 13 的时候，你不需要记 13 是“巫婆”，只需要想到不吉利或黑色星期五，因为 13 是和不吉利或星期五联系在一起的。那不吉利和黑色星期五会让你想到什么呢？“巫婆”。

这些联想能帮你在已知和未知之间建立联系。你已经记得 1 到 20 这些数字，但你还不记得“树”“电灯开关”“凳子”等。那怎么记住它们呢？用联想把数字和词语联系起来。如果还是联想得不够明白，多做几次上面的练习，直到变得熟练。

现在我们再练习一遍。我说数字，你大声说出对应的词，要不假思索地说出来。

数字 3—数字 5—数字 20—数字 19—数字 10—数字 11。

现在我说词语，你来说数字。

巫婆—香烟—球门—工资—电灯开关—树—凳子—汽车—猫—保龄球—手套—手枪—骰子—溜冰—鸡蛋—巫婆—杂志—投票箱—高尔夫俱乐部—香烟。

接下来合上书，在脑子里再复习一遍树清单。“1 是树，2 是电灯开关，3 是凳子，4 是汽车，5 是手套……”复习完整个清单。如果想不起来，问自己：“要怎么联想？”例如，如果你卡在了6，想不起来6是什么词，就问自己："6能让我联想到什么？"答案就会跳出来了。六发式左轮手枪，六个弹仓……这些让你想到什么？手枪。所以，如果看到数字不能马上想起对应的词，就联想一下。

如果被某个数字卡住了，多复习几次。每个人经历不同，兴趣不同，记忆的接受能力也不同。重要的是要记住：你才是发起联想的人。你也可以给予每个词不同的联想。如遇卡顿，多做几次，然后你就会发现它们已经牢牢在你脑子里扎了根。现在合上书，复习整个树清单，大声说出数字、联想物和词语。

接下来请拿出纸和笔，在下页写下跟每个数字关联的词语和联想。合上书，开始吧。

对照检查一下你的答案，看看自己做得如何。这是第一个测验。如果没有拿到满分，你需要在联想上多下功夫。多多复习。拿到满分以后才可以继续学习下一个章节。你要无比熟练这个清单，每个数字都要能迅速激起你的联想，然后想起对应的词。反之亦然。

数字	联想	词语
1		
2		
3		
4		
5		
6		
7		
8		
9		
10		
11		
12		
13		
14		
15		
16		
17		
18		
19		
20		

词语联想

用逻辑思维把已知和未知联系起来。

为什么要学习联想

1. 改掉坏习惯。
2. 通过脑力训练提高大脑的思考速度。
3. 理解大脑的工作机制。

大脑用图像思考

用数字 1~20 联结成一个树清单。

必做的脑力训练

如果你一个人学习，可以一边听音乐、做饭、开车，一边复习树清单。

比如，你可以对自己说：“1 长得像树干。六发式左轮手枪，6 就是手枪。十柱保龄球，十个计分格，10 就是保龄球。”你要知道为什么这个数对应这个词，关注它们之间的联系。

如果你有学习伙伴，用一天来练习，一人说数字，一人答词语，相互测验。

第二章　记忆链：让图像发挥作用

本章我们学习一个新技能：记忆链。我会先解说什么是记忆链，再通过一些有趣的练习，展示它是怎么工作的。跟朋友一起学习会更有成效。

但有一点很重要，你要先熟练记住第一章的树清单，再来学习记忆链。说起 1 到 20，你的脑子里应该马上跳出对应的词语。反过来，说起某个词，也要马上想起对应的数字。多加练习，思维会愈加敏捷。

所谓记忆链，就是在脑子里想出两样东西的图像，然后用某种奇特的方式把它们关联起来。例如，先想象一头美洲狮和一件皮大衣，将两个图像放在一起，就得到了一头穿着皮大衣的美洲狮。你只需要把毫不相干的两个图像滑稽地组合在一起。这跟第一章的联想记忆——把已知（数字）和未知（词语）联系起来——稍有不同，记忆链是把两个全新的东西放在一起。

使用记忆链的时候，图像要生动形象。所谓“形象”，意即想象出来的图像要清晰、极尽细节。如果想象一辆车，你得知道它是一辆凯迪拉克、林肯豪华轿车，还是一辆本田。你需要知道车窗是否遮光，车顶有无天线，车轮长什么样，车标长什么样。

如果想象一个信封，你要知道封皮是什么颜色，是现付还是到付，地址是印刷还是手写，回信地址是写在前还是写在后。细节越详尽，图像越生动，练习效果越好。

举个例子，让你瞧瞧生动图像的力量。阅读下面关于柠檬的描述，在脑子里边读边想象。如果你有小伙伴一起，就更好了，小伙伴读，你闭上眼睛想象。

想象手上有一个柠檬。它是明黄色的，你能感觉到皮上有坚硬的小结球组织，两端的蒂很硬。现在，在脑子里把柠檬放在前面的桌子上，拿起一把亮闪闪的黑色小刀。想象一下刀柄的模样，柠檬是怎么放的，你的手放在什么地方。现在用那把刀慢慢地把柠檬切片，看着刀扎进皮里，把柠檬切成两半。用右手拿起半块，轻轻挤捏，看柠檬汁慢慢流出来，透过指缝流到掌心。摸摸果皮和柠檬汁，黏的还是滑的。拿起柠檬来闻闻香味，然后张嘴咬一口。

可能你一直紧闭着嘴。我带领学员们做这个练习的时候，学员们的表情精彩纷呈。每个人都龇着牙咽口水，想要冲淡嘴里的酸味。生动的图像很好用。想象出生动的图像后，人体是区分不出想象和真实的。想象的柠檬能让你流口水，就像咬到了真的柠檬。身体会对想象的图像做出反应，就像是真的一样。

这一点为什么很重要？因为这是加强记忆的又一个好方法。亲眼所见的东西会被照下来，保存在记忆里。这也是为什么我在本书开头说你其实拥有照相机一样的记忆潜质的原因。大脑开始创造图像的时候，就像又亲眼看了一遍。你召唤存在记忆里的东西时，你实际上训练了一次记忆力。

想象一个故事

现在开始练习记忆链。你会读到一个故事。一字一句读完以后，请坐下来，闭上眼睛，用十秒钟在脑海里生动地想象出故事场景。如果某个画面难以形象化，先跳过，继续下一个画面。如果有人陪你一起，让他（她）给你读故事，你闭着眼睛在脑子里想象故事场景。如果你的伙伴也在学习魔术记忆法，可以轮换角色练习。

再次提醒：创造图像时，要尽量形象，极尽细节。故事里会出现一个挂锁，你要知道它是什么颜色，就像那个柠檬一样，才能想象得形象具体。你要知道它是玛斯特锁还是耶鲁锁，是密码锁还是钥匙锁，是锈蚀的旧锁还是闪亮的新锁，多大多重。故事里还有一辆房车，你得知道它是什么颜色、什么形状、多宽多大。在脑子里想象所有这些信息。

我们开始吧。

想象一下，自由女神像举着火炬和一本书，顶端坐着一个胖男人，男人右手拿个电钻，左手拿块肥皂。电钻钻进肥皂里，里面稀里哗啦掉出许多紫色的硬币。约翰·特拉沃开着一辆宽敞的黑色豪华轿车，后面拉着一辆大型房车，硬币落到房车车尾的挂锁上。约翰·特拉沃戴着一顶黑色毡帽，穿着黑色背心，蹬着黑色皮靴。他旁边坐着凯西·李·克罗斯，她穿着粉色圆点比基尼，腿上放着一封写给经纪人的信。

轿车后座上坐着一头大型圣伯纳德犬，它穿着皮大衣，戴着钻石项圈，嘴里叼着一根火腿。一只美洲狮跳进车后座，抢走了火腿，从另一边车窗跳了出去，跳到一棵棕榈树上。棕榈树倒了，砸在自由女神像上。

现在我来问你一些问题，检验一下你是否正确地做了这个练习。你脑子里想象的图像有颜色吗？呈现细节了吗？这些都应该有。例如，你想象的是什么样的肥皂？画面清晰吗？多大一块？特拉沃脚上穿着什么？黑色皮靴长什么样？我问这些是因为：只有对这些细枝末节一清二楚，图像才算生动形象。如果不够清楚，那你就只是雾里看花，一知半解。我问你特拉沃脚上穿的是什么的时候，你可能会说是黑色的鞋子，或者任何其他答案，只要不是黑色皮靴，那就说明：你想象得还不够生动形象。

如果想象时遇到困难，比如你可能想象不出来紫色的硬币，因为现实中没见过，或者对房车不甚了解，所以想不出来，都没关系。我们再读一遍这个故事，这次你会发现脑子转得快了些，画面更快出现，细节更多更丰富。如果你跟同伴一起练习，你会发现他（她）读了上半句，你就能想出下半句的画面。注意这个现象，这表明你的脑子在加速运转。

现在坐下来，放松，想象故事里的细节。记住，要调动全身的感官，身临其境地去感受。

想象一下，自由女神像举着火炬和一本书，顶端坐着一个胖男人，男人右手拿个电钻，左手拿块肥皂。电钻钻进肥皂里，里面稀里哗啦掉出许多紫色的硬币。约翰·特拉沃开着一辆宽敞的黑色豪华轿车，后面拉着一辆大型房车，硬币落到房车车尾的挂锁上。约翰·特拉沃戴着一顶黑色毡帽，穿着黑色背心，蹬着黑色皮靴。他旁边坐着凯西·李·克罗斯，她穿着粉色圆点比基尼，腿上放着一封写给经纪人的信。

轿车后座上坐着一头大型圣伯纳德犬，它穿着皮大衣，戴着钻石项圈，嘴里叼着一根火腿。一只美洲狮跳进车后座，抢走了火腿，从另一边车窗跳了出去，跳到一棵棕榈树上。棕榈树倒了，砸在自由女神像上。

这次做得怎么样？想象更容易些了吧？是不是走在了故事的前面？你的记忆力在快速增强，不是吗？我们再复习一遍。这一次，试着更快一些。闭上眼睛，把注意力集中在画面上。

我们开始吧。

想象一下，自由女神像举着火炬和一本书，顶端坐着一个胖男人，男人右手拿个电钻，左手拿块肥皂。电钻钻进肥皂里，里面稀里哗啦掉出许多紫色的硬币。约翰·特拉沃开着一辆宽敞的黑色豪华轿车，后面拉着一辆大型房车，硬币落到房车车尾的挂锁上。约翰·特拉沃戴着一顶黑色毡帽，穿着黑色背心，蹬着黑色皮靴。他旁边坐着凯西·李·克罗斯，她穿着粉色圆点比基尼，腿上放着一封写给经纪人的信。

轿车后座上坐着一头大型圣伯纳德犬，它穿着皮大衣，戴着钻石项圈，嘴里叼着一根火腿。一只美洲狮跳进车后座，抢走了火腿，从另一边车窗跳了出去，跳到一棵樱桃树上。

是樱桃树吗？不是。那是什么？棕榈树？读到“樱桃树”的时候，我打赌你肯定已经看出错处来了。这是个好现象，因为你知道应该是棕榈树。为什么？因为这是完全不同的两个画面。这次我讲错了什么吗？对，故事没讲完。后来棕榈树怎么了？它倒在了自由女神像上。

专注

现在我们做点不同的事情吧。记得吗？本章开头我们说过，把两个图像关联起来记忆，用的方法必须是奇特的、毫无逻辑的。把图像组合成现实中根本不会发生的毫无意义的画面，你需要多花些时间和心力。你必须专注。专注的能力很重要，不论是对记忆链还是对任何记忆相关的工作。你有过因为想不起昨晚把钥匙放哪了，把房子翻个底朝天的经历吗？提到这个，很多人都心有戚戚。我们想不起来，是因为我们从口袋或提包里掏出钥匙，又把它们搁下的时候，我们没有关注它。这一连串的动作自然发生，没有引起我们注意。拥有魔术记忆以后，你不用刻意为之也能自发专注于你所做之事。

现在我要你再读一遍自由女神像的故事。这一次要站起来，大声地读出声。这会让大脑的思考方式稍有不同，它迫使你更集中注意力。先前，你只需要在脑子里想象画面，现在你还要重述整个故事，并站着完成这两件事，这可以让训练更有立体感。

现在请站起来。如果你是一个人，先默读一句，再重复黑体字的内容。如果你跟同伴一起练习，请同伴大声读一句，然后你们俩一起重复黑体字部分。

想象一下，自由女神像举着火炬和一本书，**想象一下，自由女神像举着火炬和一本书**，顶端坐着一个胖男人，**顶端坐着一个胖男人**，男人右手拿个电钻，**男人右手拿个电钻**，左手拿块肥皂，**左手拿块肥皂**。电钻钻进肥皂里，里面稀里哗啦掉出许多紫色的硬币。**电钻钻进肥皂里，里面稀里哗啦掉出许多紫色的硬币**。约翰·特拉沃开着一辆宽敞的黑色豪华轿车，后面拉着一辆大型房车，**约翰·特拉沃开着一辆宽敞的黑色豪华轿车，后面拉着一辆大型房车**，硬币落到房车车尾的挂锁上。**硬币落到房车车尾的挂锁上**。约翰·特拉沃戴着一顶黑色毡帽，穿着黑色背心，蹬着黑色皮靴。**约翰·特拉沃戴着一顶黑色毡帽，穿着黑色背心，蹬着黑色皮靴**。他旁边坐着凯西·李·克罗斯，她穿着粉色圆点比基尼，腿上放着一封写给经纪人的信。**他旁边坐着凯西·李·克罗斯，她穿着粉色圆点比基尼，腿上放着一封写给经纪人的信**。

轿车后座上坐着一头大型圣伯纳德犬，它穿着皮大衣，戴着钻石项圈，嘴里叼着一根火腿。**轿车后座上坐着一头大型圣伯纳德犬，它穿着皮大衣，戴着钻石项圈，嘴里叼着一根火腿**。一只美洲狮跳进车后座，抢走了火腿，从另一边车窗跳了出去，跳到一棵棕榈树上。棕榈树倒了，砸在自由女神像上。**一只美洲狮跳进车后座，抢走了火腿，从另一边车窗跳了出去，跳到一棵棕榈树上。棕榈树倒了，砸在自由女神像上**。

研讨会上，很多人跟我说，读出声的时候，脑子就不能及时想象画面。也有人说，出声时要让画面生动起来有点难。你也有此感受吗？是这样没错，但不用担心。你的脑子还在学习怎样一心多用，就像学习驾驶手动挡汽车一样。之前你闭着眼睛练习，就能全身心地专注于故事的视觉呈现。现在你要把它讲出来，同时要在脑子里想象它，噢，还要站着，当然会更难一点。

继续站着，我们再练习一次。这次你要完整地大声读完这个故事，不管有没有同伴。一边读出声，一边去想象这幅图景。记住，要让图像变得生动，关键是色彩和细节。

想象一下，自由女神像举着火炬和一本书，顶端坐着一个胖男人，男人右手拿个电钻，左手拿块肥皂。电钻钻进肥皂里，里面稀里哗啦掉出许多紫色的硬币。约翰·特拉沃开着一辆宽敞的黑色豪华轿车，后面拉着一辆大型房车，硬币落到房车车尾的挂锁上。约翰·特拉沃戴着一顶黑色毡帽，穿着黑色背心，蹬着黑色皮靴。他旁边坐着凯西·李·克罗斯，她穿着粉色圆点比基尼，腿上放着一封写给经纪人的信。

轿车后座上坐着一头大型圣伯纳德犬，它穿着皮大衣，戴着钻石项圈，嘴里叼着一根火腿。一只美洲狮跳进车后座，抢走了火腿，从另一边车窗跳了出去，跳到一棵棕榈树上。棕榈树倒了，砸在自由女神像上。

现在可以坐下了。我们会再来一次。如果你还是一个人的话，找个同伴一起练习。这一次请你的同伴快速朗读这个故事，讲得越快越好，你坐着想象故事里的画面。你会有惊人的发现：你可以轻松跟上同伴的速度，甚至赶在了他（她）前面。你的思维比说话，比书写都快。这就是为什么记忆力训练如此重要——好记忆比纸笔更快捷高效。我告诉过你，你的大脑就是一台强大的超级计算机，现在你感受到了吗？有没有欣喜若狂？

现在，坐下来，放松，再听一遍。闭上眼睛，用大脑想象一幅色彩斑斓且细节清晰可见的画面吧。

想象一下，自由女神像举着火炬和一本书，顶端坐着一个胖男人，男人右手拿个电钻，左手拿块肥皂。电钻钻进肥皂里，里面稀里哗啦掉出许多紫色的硬币。约翰·特拉沃开着一辆宽敞的黑色豪华轿车，后面拉着一辆大型房车，硬币落到房车车尾的挂锁上。约翰·特拉沃戴着一顶黑色毡帽，穿着黑色背心，蹬着黑色皮靴。他旁边坐着凯西·李·克罗斯，她穿着粉色圆点比基尼，腿上放着一封写给经纪人的信。

轿车后座上坐着一头大型圣伯纳德犬，它穿着皮大衣，戴着钻石项圈，嘴里叼着一根火腿。一只美洲狮跳进车后座，抢走了火腿，从另一边车窗跳了出去，跳到一棵棕榈树上。棕榈树倒了，砸在自由女神像上。

现在，我要你在纸上写出自由女神像的故事，只需记下关键词就可以，像这样："自由女神像、火炬、书、胖男人、电钻、肥皂、紫色硬币、挂锁、大型房车、豪华轿车、约翰·特拉沃、黑色毡帽、黑色背心、黑色皮靴，等等。"只能凭着记忆来写。我相信你用五至十分钟就可以完成，甚至更快。能如此迅速地回忆起这些画面，你自己都会感到惊讶。现在合上书，开始吧。

多么不可思议，你竟然记得所有的细节。事实是，通过刚才的练习，你能记住五百件事情。把这个故事复习六遍只需要十至十五分钟。而我们这才刚刚开始呢。我希望你知道自己的思维和记忆的运作有多快。

进入下一个章节之前，要确保你已经能毫无障碍地想象出自由女神像故事的每一个画面，如果回忆时仍有卡顿，多复习几遍，大声朗读，再写下来，看看是否已经完全掌握。

复习

记忆链

把需要记住的信息转换为形象的图像，再用无逻辑或无意义的方式关联起来。

词语联想记忆和记忆链的区别

1. 词语联想不强调图像或视觉呈现。

2. 词语联想合乎逻辑，记忆链则不合逻辑。

3. 词语联想关联的是两个已知（已存在于记忆中）的信息，记忆链关联的是未知的信息。

自由女神像的故事图像

自由女神像、火炬、书、胖男人、电钻、肥皂、紫色硬币、挂锁、房车、黑色豪华轿车、约翰·特拉沃、黑色毡帽、黑色背心、黑色皮靴、凯西·李·克罗斯、粉色圆点比基尼 、给经纪人的信、大型圣伯纳德犬、毛皮大衣、钻石项圈、火腿、美洲狮、棕榈树、自由女神像。

必做的脑力训练

练习 1

1. 闭上眼睛。
2. 回顾记忆中自由女神像的故事，想象出生动的图像。
3. 大声说出故事的所有关键要素。

练习 2

大声说出你脑子里看到的自由女神像的一切，细节、色彩、清晰的图像，越详尽越好。这个练习能提高你边说边用图像思考的能力。

第三章　创建桩子清单——大脑文件夹

本章我们会通过一个练习，学会用特定的方式储存信息，让日后调用信息变得更简单。我们把信息存在我称为“桩子”的地方。

前面我用文件柜做比喻，说明了大脑是如何存储信息的。我们会给每个文件夹贴上标签，里面装了什么一目了然。你可以把桩子当作文件夹上的标签。也有人把它看成是钉在衣橱或墙上的挂钩，可以往上面挂夹克衫或外套。不同的是，桩子是用来挂信息的，只存在于脑子里。

要弄明白怎么用桩子来记忆，你需要了解短期记忆和长期记忆。我们往大脑存储信息时，信息在大脑里存留的时间有长有短。例如，听到一个名字或一串电话号码，我们的记忆可能只维持三十秒或一分钟，然后就忘记了。那么，大脑对这个信息的记忆就属于短期记忆。如果别人说的事情或读到的新闻给我们留下了深刻印象，这些信息就会进入我们的长期记忆里。它会一直存在那里，过了一天、一个月甚至一年，我们还可以随时记起来。

许多人说想提高记忆力，他们真正想提高的是短期记忆力，具体来说，是想把短期记忆转变成长期记忆。比如，在聚会或商业会议上听到一个名字或者一串电话号码，你肯定不想 5 分钟之后就不得不对刚向你做过自我介绍的人说：“抱歉，我又忘了您叫什么名字了。”

关于长期记忆，我要强调一点：信息一旦进入长期记忆（我称之为“信息库”），就不会再被遗忘。再重申一遍：把信息储存进信息库，就不会再遗忘。比如，试着忘记你的名字。做不到，对吧？因为在早年的生活中，你的名字已经存储进你的长期记忆里，除了一些患健忘症或者其他疾病的极端情形，你会永远记得自己叫什么，无论怎么做也不会忘记。

由于很多有用的信息已经存在信息库里了，而那里的信息是不会被遗忘的，我们就利用这一点来开发魔术记忆吧！首先，我们为长期记忆（也称为“信息库”）里忘不掉的信息创建“桩子清单”（可以把桩子清单简单地想象成已经记住的信息单位，它是大脑信息库的一部分，不会被遗忘）。然后把想要记的新信息钉在“桩子”上，以后需要调用某个信息时，只要回想与之关联的信息（桩子清单），想要的信息就会很快记起来了。然后我们运用前一章学过的生动图像记忆法，让桩子的阵容变得更强大。

接下来，我们先去学习如何创建桩子清单。

身体清单

使用桩子清单之前，我们得先把它创建出来。我们要创建两个桩子清单。第一个是身体清单。我们要用身体部位创建十个桩子。你当然不会忘记你的身体部位，比如，我问你手肘在哪，你可以毫不犹豫地指出它的位置。脚趾、膝盖、头和鼻子也一样。你只需要记得这些身体部位的顺序。

现在请站起来，跟着我的指令做。

数字 1 是脚趾

动动脚趾大声说："数字 1，脚趾。"

数字 2 是膝盖

拍拍膝盖说："数字 2，膝盖。"

数字 3 是大腿肌肉

拍拍大腿说："数字 3，大腿肌肉。"

数字 4 是背

拍拍背说："数字 4，背。"

数字 5 是手

拍拍手说："数字 5，手。"

数字 6 是肩膀

拍拍肩膀说："数字 6，肩膀。"

数字 7 是脖子

摸摸脖子说："数字 7，脖子。"

数字 8 是脸

摸摸脸说："数字 8，脸。"

数字 9 是头顶

拍拍头顶说："数字 9，头顶。"

数字 10 是天花板

用手指着天花板说："数字 10，天花板。"

我们再来一遍。继续站着，大声说出每个桩子的名称，重复之前的动作。

数字 1，脚趾，动动脚趾。**数字 2，膝盖**，拍拍膝盖。**数字 3，大腿肌肉**，拍拍大腿。**数字 4，背**，拍拍背。**数字 5，手**，拍拍手。**数字 6，肩膀**，拍拍肩膀。**数字 7，脖子**，摸摸脖子。**数字 8，脸**，摸摸脸。**数字 9，头顶**，指指头顶。**数字 10，天花板**，指指天花板。

再做一次。

数字 1，脚趾。数字 2，膝盖。数字 3，大腿肌肉。数字 4，背。数字 5，手。数字 6，肩膀。数字 7，脖子。数字 8，脸。数字 9，头顶。数字 10，天花板。

再快速地做一次。

数字 1，脚趾。数字 2，膝盖。数字 3，大腿肌肉。数字 4，背。数字5，手。数字6，肩膀。数字7，脖子。数字8，脸。数字9，头顶。数字10，天花板。

每次练习的时候要大声说出桩子的名称，并对相应部位做出指定的动作。这两项工作要同时进行，如果忘记了，回头重新做练习。

我们再做最后一遍。

数字1，脚趾。数字2，膝盖。数字3，大腿肌肉。数字4，背。数字5，手。数字6，肩膀。数字7，脖子。数字8，脸。数字9，头顶。数字10，天花板。

现在你可以坐下来继续阅读了。

这十个身体部位就是十个桩子。注意到了吗？我们没花几分钟就记住了身体各个部位的桩子。事实上，我们根本不必费力去记，因为它们已经存在长期记忆里，我们只需要理一下顺序就可以了。所以我们要从脚趾到天花板按顺序数。

需要注意的是，我们把数字钉在桩子上时并没有用到联想记忆。记住，联想记忆是基于逻辑的联想。而在这里，5匹配手，只是因为我们让它们相互匹配，并无缘由。在第二章的树清单中，5对应“手套”，是因为手套让我们想起五根手指，这个对应有原因可循。桩子并无逻辑联系，我们只是创建了一个序列。

创建桩子清单在现实生活中大有用处，因为我们周围的世界也是按一定的序列组织起来的。如果你能按顺序来记，真正把信息装进大脑——日后调用信息就会像从办公室的文件夹里准确找出备忘录一样简单。归档做得越好，检索信息越快捷。

现在请将你记得的身体清单写下来。在左边写下 1—10，再在旁边写下对应的身体部位。合上书，开始吧。

1.____________

2.____________　6.____________

3.____________　7.____________　9.____________

4.____________　8.____________　10.____________

5.____________

如果有一两个不记得，站起来，把前面的练习再做一两次。记住身体清单大约需要 2 分钟。即便你已经完全记住了整个清单，也站起来重复一次，让记忆更深刻些。

开始吧。

数字 1，脚趾。数字 2，膝盖。数字 3，大腿肌肉。数字 4，背。数字 5，手。数字 6，肩膀。数字 7，脖子。数字 8，脸。数字 9，头顶。数字 10，天花板。

合上书，休息一下吧。

房子清单

创建第二个桩子清单前，我们先来快速回顾一下刚刚做了什么。我们用特定的顺序创建了一个身体清单，这个清单不同于第一章基于联想记忆的树清单。现在我们学会了用两种不同的方法来创建备用的清单，也用了两种方法训练记忆力。

现在我们要创建并记住第三个桩子清单——房子清单，它以后会派上用场的。为此，你要做三件事：

1. 选出四个房间。

2. 用你的意识参观房间，从每个房间里选出五件东西。

3. 将每样东西按顺序写在纸上。也就是说，你要按它们在房间里的摆放顺序来写。

任意选择四个房间，如果你住的是个小公寓，就选四个不同的区域。房间也要按一定的次序排列，像在家里散步一样。例如，我走进房子的时候，首先会进到厨房，这就是一号房间；接着依次是餐厅、客厅和卧室，它们就分别是二号、三号和四号房间。

选好了房间，用意识走进一号房间，挑选五件物品。最好选择大一些、有一定重量的物品。每件物品应各不相同，比如，不能在同一个房间里选两把椅子。每件物品也不能靠在一起。最重要的是，它们应该按顺时针或逆时针的顺序摆放。其他三个房间里选择的物品也要按相同顺序摆放。

例如，如果一号房间是厨房，你可以选择操作台、微波炉、水槽、冰箱、垃圾桶。这些东西是顺时针摆放的。

现在拿一张纸，写下数字 1 至 5 和你选择的物品。然后用你的意识参观其他三个房间，重复一遍以上操作，这样你就写下了二十件物品。记住，你只是在意识里参观房间，而不是真的用脚走一遍。

房子清单

一号房间

1.__________

2.__________

3.__________

4.__________

5.__________

二号房间

6.__________

7.__________

8.__________

9.__________

10.__________

三号房间

11.__________

12.__________

13.__________

14.__________

15.__________

四号房间

16.__________

17.__________

18.__________

19.__________

20.__________

你的清单可能像这样：

房子清单示例

一号房间	二号房间	三号房间	四号房间
1. 冰箱	6. 手风琴	11.淋浴花洒	16. 衣柜
2. 烤箱	7. 椅子	12. 浴缸	17. 镜子
3. 水槽	8. 台灯	13. 毛巾	18. 床
4. 咖啡壶	9. 壁炉	14. 马桶	19. 梳妆台
5. 垃圾桶	10. 沙发	15. 药品箱	20. 化妆箱

写下这些物件大概需要十分钟。记住，它们是桩子，因为它们已经存在你的长期记忆里了，以后可当作记忆的参考点，就像我们可以往身体清单上挂新信息一样。现在你只需要记住你给它们指定的顺序。

现在请仔细听指令。首先，检查你的清单，确保选择的桩子没有重复。其次，确保每个桩子都按选定的方向排列好，在整个练习中保持方向一致。

看着你的清单，大声读出第一个桩子，然后闭上眼睛，尽可能在脑子里想象那个桩子。然后是第二个，大声读出来，闭上眼睛，在脑子里描绘这个桩子。如此这般，把二十个桩子都描绘一遍。这个过程大约需要十分钟。开始吧。

再来一次。这次不需要大声读出来，只需要默读。然后闭上眼睛，在脑子里依次把二十个桩子形象地描绘一遍。这里不要求快，而是要默读出每个桩子，再在脑子里形象地描绘出来。开始吧。

我们再做一遍。这次从第二十个桩子开始倒序进行。先看一下，然后闭上眼睛，默念它的名字，再在脑子里想象。要把每个图像想象得清清楚楚，就像你亲眼看见它们一样。开始吧。

现在拿着笔记站起来。还是一样的练习，只是这次要做得快一些。在你的房子里来一次想象之旅，大声读出每个桩子的名字，同时在脑子里形象地描绘它们。逐一练习，尽量加快速度。开始吧。

现在把笔记盖上，继续站着。再做一次，大声说出每个桩子的名称，并形象地描绘它们。但这次又跟之前很不相同——这次不再读写在纸上的清单了，因为这些桩子已经记在了你的脑子里。开始吧。

继续站着。这次依然不看笔记，你要从第二十个桩子倒序练习到第一个。闭上眼睛，运用想象走过四个房间，每看到一个，大声说出它的名字。完成以后，就可以坐下了。开始吧。

我们再来一遍，但这次有一点小小的不同：你不需要大声说出桩子的名称了。运用想象游览你的房子，依次看过第一到第二十个桩子，尽可能让它们在脑子里出现生动的形象，默念它们的名称——注意是默念。开始吧。

现在我们再来点不一样的。还是一样的操作，从第一个桩子依次到第二十个。你还是要在脑子里形象地描绘它们，但这次不用念出名称。你会发现速度飙升，为什么？我前面已经说过，我们思考的速度要比书写或者谈话快得多。如果能直接用思维沟通，我们交流的速度要快上一万倍，甚至十万倍。

在脑子里形象地描绘每个桩子，不要说出名称，接着进行下一个。开始吧。

再来一次，不要说名称，只在脑子里想象出来，从第一个到第二十个。开始吧。

我们再练习两次，但又稍有不同。从第一个桩子开始，到第二十个。这次不再是想象单个桩子，而是用你之前创建好的四个分组，把每个分组的桩子组合起来同时想象。因为我们一直在训练照相机般的记忆力，现在这个练习对你来说可谓易如反掌。开始吧。

有没有被自己的速度震撼到？因为打包成组进行想象，你几秒钟就可以记完二十个。再练一次，从一到二十，组合想象这些桩子。开始吧。

现在拿一张纸，在左边写下编号 1 到 20，然后凭记忆写下你的房子清单。开始吧。

一号房间	二号房间
1.__________	6.__________
2.__________	7.__________
3.__________	8.__________
4.__________	9.__________
5.__________	10.__________
三号房间	**四号房间**
11.__________	16.__________
12.__________	17.__________
13.__________	18.__________
14.__________	19.__________
15.__________	20.__________

我们再做一个练习。另外拿一张纸，在左边写下 1 到 10，凭记忆默写身体清单的桩子。我们在本章开头就创建了身体清单，你会发现到现在还牢牢记得。开始吧。

1.__________	5.__________	9.__________
2.__________	6.__________	10.__________
3.__________	7.__________	
4.__________	8.__________	

现在你有没有很振奋？你记住了身体清单，还记住了房子清单。它们都是记忆的参考点，是信息库的一部分。而信息库，是长期记忆。清单里的项目，我们所要做的是花上半个小时，把它们按一定的顺序排列好。现在这些桩子可以为你所用了。

记忆如何运作

短期记忆：你的所见、所闻、所想，只记得几秒钟，最多不过数小时。

长期记忆：可随时回想的信息（信息库），也是你想忘也忘不了的信息，比如你的名字、地址等。

不易回想的长期记忆：所有人为记录的信息，比如用录音机（人耳）、照相机（人眼），以及其他工具记录的信息。

大脑就像文件柜

经过训练，记忆会变得井井有条。你的所见、所闻、所想都会在大脑的文件柜里有序排列，招之即来。

若未经训练，记忆就像散落一地的文件，杂乱无章地堆在脑子里。

身体清单

利用身体各个部位设定桩子，以便记忆新信息。

1. 脚趾
2. 膝盖
3. 大腿肌肉
4. 背
5. 手
6. 肩膀
7. 脖子
8. 脸
9. 头顶
10. 天花板

创建房子清单

1. 选出四个房间。
2. 从每个房间里按一定的顺序选出五个桩子。
3. 每个桩子各不相同。

必备的脑力训练

练习 1

1. 凭记忆复习身体清单和房子清单，在大脑里把每个桩子形象生动地想象出来。

2. 准确记得每个桩子的排列顺序以后，再复习一遍，大声说出它们的名称。

练习 2

开车、吃饭、看电视的任何时候，凭记忆复习身体清单和房子清单。

第四章　运用桩子清单

现在我们已经创建好桩子清单，但要怎么用呢？还是以文件夹标签的使用为例。如果想知道今天要做些什么，打开贴着“今日待办”标签的文件夹看看就知道了；而打开标着“待付账单”的文件夹，你就能知道哪些账单需要留意。

一旦拥有魔术记忆，你经验过的事会引导你找到桩子，把信息放进这个桩子做代表的文件夹，就可以随取随用。更重要的是，训练一段时间以后，记忆能即时反应，你想要的信息就会迅速回来。

为了解释桩子如何在现实生活中发挥作用，我们再来想象一下你家里的家具，任何家具都可以，不一定非要是房子清单里列举的。如果我给你蒙上眼睛，引你走进其中一个房间，再转上一圈，会怎样？你压根不知道自己身处何处。你会开始摸索张望，试图找到可以辨认的东西。但一摸到电视机，你马上就能知道房间里的其他物品分别放在哪个角落。为何？电视机就是一个参考点，一个由你的居住经验构建起来的记忆参考点。也就是说，是你安排了房间的一切，你对房间的布局早已了然于心，房间格局已经以相对固定的次序存在你的记忆里。每件家具都是一个桩子，让你能随时定位自己。

你可以用同样的方式组织存放脑子里的信息，让信息检索变得简单快捷。

使用桩子时：

1. 先取一个预先创建好的桩子（记住，必须是形象的图像，越形象越具体越好）。

2. 把想要记住的信息转化成生动的图像。

3. 用荒谬不羁的方式把两个图像关联起来。

这不同于记忆链。记忆链是把两个全新的信息关联起来，比如自由女神像故事里的不同画面。而定桩是把一个新信息贴在信息库里的已知信息上。

比如，选择脚趾作为预设桩子的时候，我们会在脑子里描绘出栩栩如生的脚趾，然后把想要贴在脚趾上的东西（比如一台电脑）描绘成生动的图像，最后用毫无逻辑的方式把二者关联起来，比如想象我们像踢球一样在房间里踢电脑，就把电脑固定在脚趾上了。

定桩的动作类型很重要，我把它分为积极和消极两类。消极的如走路、闲逛、保持平衡、静止不动等，运动很少，行动缓慢而沉闷。定桩需要积极的活动，动作越刺激越疯狂，效果越好。比如，MTV（音乐电视网）的音乐视频，或者周六早上的卡通片，那里一切皆有可能。跑、投、跳等激烈运动，活力四射，这才是我们想要的。

我会用 VIA 帮你记住怎样定桩。VIA 是形象生动（vivid visualization）、想象（imagination）和动作（action）的缩写，也是定桩的三个步骤。首先，描绘出生动的图像，这是最重要的；其次，用你的想象力创造独特有趣的形象；第三，用积极的动作让图像动起来。用 VIA 作为定桩原则，可以为你学习魔术记忆法打下牢固的基础。

我在研讨会上讲解这个方法时，听到了很多质疑的声音。“凯文，我们为什么要做这些？”“凯文，这些练习让人发蒙，你能再解释一遍它们的区别吗？”“就没有一个‘一招鲜，吃遍天’的桩子清单吗？”如果你也同样感到困惑，不要担心。我一股脑给你讲了很多概念，如果你不理解——为什么要做这个那个的练习，这些练习有什么不同，等等——都没关系。我说过，你不需要事事尽知其所以然，你唯一需要做的只是去练习。就像慢跑之前，我要先教你做伸展运动。拉伸的是哪块肌肉，为什么要拉伸肌肉，你能知道最好，不知道也没关系。重要的是你要先做伸展运动，还要做得准确到位。

我们现在正是在给大脑做伸展运动，让它能恰当地思考和组织信息，方便日后调用。有些练习看似荒谬，但要学会从中攫取乐趣。还记得吗？接受改变的意愿是学习力的标志。

开始练习之前，我还要强调一点，也是本书最激动人心的一点。要记住任何事情，你只需要三样东西：

1. 一个存放信息的地方（桩子）。

2. 一幅生动的新信息图像。

3. 用“脑力胶”——动作把图像牢牢地附着于桩子上。

我们已经学过，存放信息的地方就是桩子，它是一个记忆参考点。你可以把它当成任何东西，一个房间、脑子里的文件夹、想象中的邮箱，都可以。我们也知道了生动的图像有多重要，就像第二章里的那个柠檬。你认为——“脑力胶”是什么呢？——是动作，积极的动作。无论是做定桩练习，还是在现实生活中应用它，我们都会一再重复这三个步骤。

用身体清单定桩

下面，我们来做一些定桩练习。我们先慢慢来，我会提示你该做什么，不做什么。如果暂时不见成效，不要气馁，我们这才刚刚开始呢。在本书第二部分，你会把定桩法应用到现实场景中，那时你已经对整个流程无比熟练，不假思索就能运用自如。看到定桩法比用笔写下来效率高多少，你一定会为之震惊！

第一个练习，我们要定桩新信息在身体清单上。把要记的第一个东西放在脚趾上，即身体清单的第一个桩子上，第二个东西放在第二个桩子，即膝盖上，第三个放在大腿肌肉上，以此类推，直到第十个桩子，即天花板。

我们要记住的第一个东西是鸡蛋。通过图像和动作，想办法把鸡蛋固定在脚趾上。

第一次练习的时候，很多人是这样做的：“嗯，我想想。凯文说在脑子里想象一个鸡蛋，再想象一个脚趾，然后用动作把它们放在一起。那我就想象出一个鸡蛋，然后把它放在我的脚趾上就好了。”这样练习的效果并不理想。为什么呢？因为你只是把鸡蛋放在脚趾上待着不动，这个动作很消极，这幅图像缺少生命力。

记住，我们需要积极的动作：刺激的、动感十足的动作，如跑、跳、投等。最重要的是，要尽情发挥想象力，让不可能的事情发生。换言之，能多疯狂就多疯狂，能多荒谬就多荒谬。你说它不合逻辑？这就对了！时刻记住 VIA：形象生动、想象和动作。一个有效的定桩练习必须具备这三个要素。

要时刻记住，让你觉得无聊的定桩练习是无效的。人们总是轻易忘记无趣的东西，而牢牢记得那些疯狂的、活泼的、滑稽的、荒谬的事情。就像我之前说的，大脑会自动锁定现实生活里不可能发生的事情，因为它是如此与众不同、独一无二。所以，要将你的想象力发挥到极致，越疯狂越好。

举个例子。用脚趾作为桩子联结鸡蛋的练习中，“凯文说要夸大其词，那就不仅仅想象一个鸡蛋，我要想象一个巨大无比的鸡蛋，甚至几千个鸡蛋”。学会了夸张，效果好些了。“凯文还说要让图像动起来，那就想象一个有手有脚的鸡蛋。噢，对了，它是粉色的！凯文说要激烈运动，那我就站在鸡蛋面前，用脚趾使劲踢它。”这次图像鲜活多了，也十分荒诞不经。

要让定桩更有效，有一个小提示：多好过少。也就是说，要多用动作，持续动作，让画面连续运动。

例如，你说：“我看见一只有手有脚的巨型鸡蛋，踢了它一脚。”这很好。如果再用上“多好过少”原则呢？你可能踢了鸡蛋很多脚，可能鸡蛋咬了你一口，或者它反踢了你，或者你把它踢爆了，蛋黄流到脚趾上，再或者你把流出来的蛋液舀进一个大碗里，用脚趾拌匀。

准备好了吗？开始吧。

把鸡蛋固定在你的脚趾上。这预期需要三十秒，至多不超过四十五秒。闭上眼睛描绘图像，要让画面生动清晰。然后想象一个疯狂又刺激的动作。

我们要记住的第二个东西是香肠。把它放在哪里呢？放到身体清单的第二个桩子——膝盖上。先想象膝盖，再想象一根香肠。回想柠檬的练习，用同样的方法可以让你想出形象的图像。这根香肠是什么样子的？冷冻过吗？有没有带包装？包装有没有拆开？香肠是什么颜色？有多肥？现在用动作把香肠固定在你的膝盖上吧。

这里举几个例子，看看别人是怎样做的。“我可能把香肠钉进我的膝盖里了。”这个联想包含了很多动作，也很荒谬（还十分痛苦），生活中不会发生这样的事情。另一个例子是，“可能我在膝盖上烤香肠，温度越来越高，我的膝盖也在发烫”。还有人这样说，“可能我在啃香肠，油溅到了膝盖上”。最后一个例子，“我并拢膝盖，用香肠缠了一圈，还打上一个结。然后我想走路，但迈不开腿”。

上述的几个例子都不无聊，因为都有夸张的动作。第一个例子的动作是钉，第二个是烤，第三个是溅，第四个是缠，虽然稍逊于前三个，但也很不错，如果持续动作，会更好。

问问自己：“我的动作是什么？”你就知道你的定桩效果好不好。如果能清晰地回答这个问题，并形象地把它想象出来，你的定桩就是有效的。在现实情境中，无论你回想什么，生动形象的动作马上就会出现在脑海里。

好了，现在合上书，在脑子里把香肠固定在膝盖上。

第三个要记住的东西是汉堡包。我们要把它固定在身体清单的第三个桩子——大腿肌肉上。在脑海中想象大腿肌肉和汉堡包，然后想法子把汉堡包放在大腿上。可能你的汉堡包是生的，你把它往大腿上蹭，腿上沾满了油脂，又油又腻。还可以想得更好一些：把汉堡包当球在腿上拍，汉堡包越来越膨胀，蹦得越来越高。永远不要担心会夸张过头——越疯狂越荒谬，效果越好。合上书，开始吧。

我们要记住的第四个东西是牛奶。毫不意外，现在轮到了身体清单的第四个桩子——背。乱想一通把牛奶和背部联系起来的各种做法，或许你已经止不住要笑出声了。这也是我一直想让你记得的：要从中取乐。魔术记忆法在笑声中更能发挥威力。可以是你把冰牛奶往背上倒，可以是跟朋友在一池牛奶里玩闹，相互往对方背上泼牛奶。合上书，在脑子里把牛奶固定在背上。

我们要记住的第五个东西是香蕉。我们要把它放到第五个桩子——手上。可以是你的手上长满了香蕉树；更夸张一些，你剥了一根巨大的香蕉，用香蕉皮在手上缠了一圈；香蕉可能是蓝色的，也可能是红色的。合上书，把香蕉放在手上吧。

回想一下我们在身体清单上放了什么东西。你脚趾上有什么？膝盖上有什么？大腿肌肉上呢？背上呢？手上又挂了什么？这些问题，如果不能脱口说出答案，先回头强化一下你描绘的图像。回想每个桩子的时候，你脑海里会跳出什么？是画面和动作。如果你描绘的画面有很多动作，图像也很生动，这些桩子会立刻闪现，因为它们已经牢牢锁进信息库里了。你给大脑安装了正确的软件——图像，还用上了强力“胶水”——动作。

我们继续第六个桩子——肩膀。我要你把面包放到肩膀上。对面包的刻画一定要生动形象。是意大利面包吗？全麦的吗？是新鲜柔软的，还是又老又硬的？记住要用上夸张的手法。不要只是简单地把面包跟肩膀扯在一起。“我把面包放在肩上当肩垫”就不够好，因为没有动作。我有个研讨会的学员说：“我肩上扛着一根巨大的面包，我切下一片来吃。我走太久了……噢！我切到了自己。”这样才算有了动作！

注意到了吗？我们想象的很多画面都比较痛苦，因为痛苦才让人长记性呀。给你的桩子添点痛苦作料是个不错的选择。当然，如果你不想用痛苦填满记忆，其他情绪也很值得一试：爱、恐惧、愤怒、笑料——都令人难忘。现在在脑子里想象出肩膀和面包，记得用上令人记忆深刻的动作。合上书，开始吧。

第七个桩子是脖子。你要往上面放生菜。你脖子上有一片大生菜叶子在微风中摇曳，它可能是紫色的，或者银色的，或者你不停往脖子上种生菜。合上书，开始吧。

回顾一下。如果答案不能脱口而出，你需要回头巩固你想象的画面。你肩膀上有什么？手上放着什么？背上呢？脚趾上？大腿呢？膝盖上？脖子上？肩膀上？

现在到了第八个桩子——脸。你要把馅饼放上去。我知道你怎么想。“凯文，这可太简单了。我就把馅饼砸到脸上。”但你还记得我们说过的吗？如果你的动作在现实生活中很常见，就不容易记得牢。往人脸上扔馅饼的桥段在影视剧里太常见了。

我们可以做一点小改动。这幅图像里，“砸”其实是一个很好的动作。经验告诉我，不是任何时候都能给桩子独创出积极的完美动作。动作不够完美，可以从别的方面弥补。所以在“往脸上砸馅饼”的案例里，我们可以把馅饼想象得更生动形象。形象，形象，一定要形象！问问自己这些问题：是什么样的馅饼？闻着香吗？是脆皮的吗？有多大？闻闻气味，打开味蕾，就像你面前真的有个馅饼一样。让自己身临其境，你才能把馅饼想象得栩栩如生。

现在合上书，开始吧。

第九个桩子是头顶。你要把胡萝卜放上去。这里举一些好的联想例子。“我看见一根巨大的胡萝卜，有人像挥舞棒球棒一样，拿着它砸向我的脑袋。”“我把金色的胡萝卜一根一根地敲进我的脑子里。”“我头上有两根巨大的胡萝卜在翩翩起舞。”

现在想象一根形象清晰的胡萝卜，把它固定在头顶桩子上。合上书，开始吧。

第十个桩子是天花板。我要你把热狗面包放上去。可以是你在热狗面包上抹上黄油和芥末，再把热狗面包一个一个地砸进天花板；或者你站在梯子上，用热狗面包粉刷天花板，油漆流到了手上。

在脑子里把热狗面包放到天花板上。记住，你可以无限夸张，比如可能有几千个热狗面包，或者想象一个巨型热狗面包。我们也一直强调要用各种动作，让画面动起来。可以是一个会动的热狗面包，它想要逃开你躲到天花板上。画面越荒诞，定桩效果越好。别忘了加上情绪和感受。可能你正饥肠辘辘，闻到热狗面包的香味，想要大快朵颐，所以它要躲着你。动作越多越好，开始吧。

复习一下。你脚趾上有什么？膝盖上有什么？肩膀上呢？香蕉在哪儿？胡萝卜呢？天花板上有什么？你脖子上有什么？鸡蛋在哪儿？汉堡包呢？牛奶又在哪里？香蕉呢？馅饼呢？胡萝卜呢？热狗面包呢？生菜在哪里？鸡蛋呢？

膝盖上有什么？手上挂着什么？肩膀上呢？脖子上？脸上呢？头顶又有什么？天花板上？树清单的数字5是什么？7呢？保龄球是树清单的第几个？工资呢？

谁坐在豪华轿车的后座？它穿什么衣服？它嘴里咬着什么？紫色硬币掉到什么东西上？这个东西在哪里？什么东西拉着它？谁坐在约翰·特拉沃旁边？这个人穿什么衣服？她膝盖上有什么东西？自由女神像的头顶有什么？他右手拿着什么东西？左手呢？

骰子是树清单的第几个？鸡蛋是第几个？巫婆呢？电灯开关又是第几个？ 18 在清单树对应什么词语？ 20 呢？ 19 对应什么词语？

发现了吗？所有这些问题——即使是前面几章的问题，答案都能一下子蹦出来，跟翻相册一样——因为你之前已经把它们转换成图像储存在记忆里了。

我们再复习一下怎样利用桩子进行联结。先在脑子里把预先创建好的桩子和想要记住的东西分别形象地想象出来，再运用 VIA（形象生动、想象、动作）把两个图像组合起来。要尽可能想象得有趣、可笑以及荒谬，总之要想象现实中不可能发生的事情。要不吝夸张和动态。要饱含感情。记住，（动作）多好过少。让想象力飞驰吧，你会让自己满意的。到这里，你已经为记忆力打下了能发挥一切威力的坚实基础。

定桩

把预先创建好的桩子和要记忆的信息转化成形象生动的图像，再用最为荒诞可笑的方式将二者关联起来。

定桩的关键

VIA：形象生动、想象、积极的动作。

生动图像的特点

清晰透明，色彩鲜艳。

生动具体，细节丰富。

声、色、气（味）等五感俱全。

身临其境，感同身受。

加入积极的动作。

积极动作

跑、跳、投等各种形式的积极动作。消极动作如交谈、坐下、走路等，作为“脑力胶”黏性极弱，不利于定桩记忆。

定桩要点

1. 夸张：无限夸大，把图像想象得比真实的更大。

2. 感觉：形象生动，五感俱全，真实可触。

3. 动态：发挥想象力，给死物以生命。

4. 动作：荒谬、可笑、疯狂者为佳。

5. 多好过少。

6. 如果定桩时感觉无趣，便是无效的。

定桩的关键一问

我要给它什么动作呢？

记忆的三步骤

1. 存放信息的地方——桩子。

2. 用生动的图像代替要记忆的事物。

3. 将图像附着于桩子上的“脑力胶”——动作。

必备的脑力训练

练习 1

针对每个定桩，问自己两个问题，复习身体清单（脚趾、膝盖、大腿肌肉等）：

1. 我把什么放在了脚趾、膝盖、大腿肌肉……上面？

2. 我是用什么动作把它放上去的？

练习 2

重复以上练习，但要给每一项想出另外的动作。

第五章　专注力游戏

现在我们来做一个有趣的游戏。这个游戏几年前就登上了荧屏，现在还在重播。它就是专注力游戏。游戏是这样的：在木板上暗藏谜题，然后木板被分割成数字和奖金几个小块，当参赛者匹配上与之对应的数字和奖金时，不同的谜面板就会出现。只要参赛者看到的谜面板足够多，就能猜出谜底是什么。

谜题可以是为人熟知的短语、名言，或者指定的物品。木板上有一幅图，代表词语的读音。把所有的图画组合在一起，就能得出整个词语或者句子。比如，在一块木板上画一只眼球（eyeball），另一块画一个锡罐（tin can），合起来就是“我可以（I can）。”

现在我们就做这个游戏，但我们要反其道而行之：我给出一个词，你把它的读音转化成图像。我们一个词一个词来，我会先用几个例子一步一步教你怎么做，再放手让你自己完成。跟同伴一起玩会更有趣。

给读音匹配图像的时候，想想它读起来像什么——而不用管它的拼写。当我说出近似的发音时，你要选出相应的图像。比如“眼睛（eye）”，发音与“我可以（I can）”里的“我（I）”

近似。每个词我都会重复这个流程，所以一个词会有两到三张图像与之对应。记住，图像可能跟词语的意思毫无关系，它们只是读音相近。

第一个词，“建筑 building [ˈbɪldɪŋ]”。这个词的第一个音节怎么读？“buil”，待付的账单（bills），或者美元钞票（dollar bill）也是这样读的。我们用美元（dollar bill）的图像吧，这个简单些。第二个音节呢？“叮（ding）。”响铃的声音——叮（ding）！“美元 -叮（bill-ding）。”“建筑（building）。”

第二个词，“管理 management [ˈmænɪdʒmənt]”。第一个音节就用男人（man）的图像吧，这个简单。“年龄（age）”呢？这个有点难，因为年龄是一个概念。在专注力游戏中，图像不仅可以暗示发音，还可以指示概念。怎么用图像表达年龄的概念呢？用老年人的图像可不可以？或者用一幅少年、青年和老年三代同堂的图像？“Ment”又怎么办呢？听着像什么？“薄荷糖（mint）”或者“肉末（mince）”？用绿色糖果的图像，还是碎肉末的图像？我们选糖果好了。“男人（man）—年龄（age）—薄荷糖（mint）。”“管理（management）。”

再看另一个词，“类别 category [ˈkætəgəri]”。这个词又要怎么拆解呢？第一个音节是什么？大家都能随口答出来，对，是“猫（cat）”。下一个音节呢？是“e”，听着像“呃（eh）”。这个不太有用。像这种情况，我们可以把它和下一个音节连起来拼。下一个音节是什么呢？“gor”，“eh-gor”也还是四不像。

那我们再加上最后一个音节，“y”发音听起来像“咦（ee）。”现在我们得到了“eh-gor-ee”。“eh-gor-ee”想到什么？科学怪人？还是什么别的怪物？我们把“类别（category）”的读音拆解开，得到了一只猫和一个科学怪人。

从上面三个例子可以看到，一个音节的音近字有很多，有难有易。你也可以把几个音节连起来找它们的谐音字词；甚至可以不管读音，直接用一幅图像代表整个词。每个谜题都没有绝对唯一正确的解法。

讲授魔术记忆法的时候，我总是强调要追求“好，更好，最好”。我说这句话的意思是，任何问题都不是只有唯一解，对你有效的方法就是可行的，哪怕在别人看来它并不那么奏效。学习魔术记忆法也是如此，选择适合自己的方法即可。最重要的是放飞想象力，用前所未有的方式来思考问题。

拆词成谐音图

现在我们来做一些练习。我给出一些词语，每读完一个词，合上书，大声说出每个音节，重复几遍，然后为每个音节创造一个画面。如果你想合并音节，也可以。但是不要动笔记任何东西——这很重要。你可能很想将音节或想到的图像记下来，但一定要克制动笔的冲动。记住，这本书不需要做任何笔记。相信你的记忆，它的潜力惊人。把每个音节大声说几遍，想象一幅发音相近的图像，然后继续下一个音节。每个词用几分钟就好。然后再回到书本，看看我为这个词选择的图像。

第一个词是“交易 trading [ˈtreɪdiŋ] ”。合上书，开始吧。

我们把“交易（trading）”的读音拆解一下。第一个音节是“托盘（tray）”。有什么近似读音的图能代表“托盘（tray）”呢？一个银质的托盘怎么样？最后一个音节是什么？“叮（ding）”。铃声，或者物体上的划痕、凹痕，这些就是“叮（ding）”。所以“交易（trading）”可以是两张图像，一张是托盘，一张是两个铃铛；或者一张是托盘，一张是划痕。

下一个词是“耐心 patience [ˈpeɪʃns] ”。合上书，把它想象成读音相似的图像。

许多人可能会想到把“耐心（patience）”分解成两个音节。第一个音节，“支付（pay）”，可以是一个人站在柜台或摊位前递钱的图像。下一个音节是“tience”，听起来像什么？“美分（cents）”。“支付 - 美分（Pay-cents）”，“耐心（Patience）”。你可能还想到一个躺在医院病床上的人——病人，这样只用一张图像就表示整个单词，也很不错。“改变（change）”这个词也可以只用一张图像表示，很多人会想到放在柜台或收银机里的硬币。

我们试试“骄傲 proud [praʊd]”。合上书，想想可以用什么图像代表这个词。

“骄傲”是个抽象词。什么东西可以让你联想到“骄傲

（proud）”？一只秃鹰，或者孔雀？也可以是一个抱着新生儿的父亲，海军陆战队员（万里挑一的骄傲），或夺得金牌的人。如果是我，会用孔雀或海军陆战队员的图像。

“和平 peace [pi:s] ”呢？合上书，想一想谐音的图像。

你会不会马上想到“一块（piece）”什么东西？把注意力集中在这个词的读音上，很容易就能想到一块馅饼或比萨。或者如果你关注这个词的意思，就能想到和平的象征，一根橄榄枝或一只鸽子。这些都可以用来表示“和平（peace）”。

下面这个词有点棘手。合上书，给“找到 find [faɪnd] ”这个词想一幅图像。

“找到（find）”只有一个音节。你选择的图像要么读音听着像“找到（find）”，要么代表“找到（find）”的含义。读音像“找到（find）”的词可以是“被罚款（fined）”。怎么用图像来表示“被罚款（fined）”呢？超速被罚款？那图像上就是一张交通罚单，或者是警察在开罚单，甚至是法官在开庭。如果不用谐音，你也可以取其含义。百宝箱怎么样？那可是一个相当好的发现。

再来一个，“自由 freedom ['fri:dəm] ”？合上书，给它想一张谐音图像。

把它按音节分解，会得到“自由（free）”和“阁下（dom）”。这两个词都很难读，所以我们还是取“自由（freedom）”的含义吧。有次我在研讨会上提出这个要求，坐在教室后面的一个年轻人喊道："彩票。"嗯，大家都笑开了，我也笑了。但后来我想，这是很合理的。彩票是这个年轻人对自由的想象。其他人的想象可能是美国国旗、革命战士、自由钟、自由女神像，不一而足。

拆解"自由（freedom）"的关键，跟其他所有的词一样，要用适合你的东西。没有标准答案。重要的是要养成按音节分解词语，并将之变成图像的习惯。把声音变成图像，把抽象术语变成图像。这个方法可以很好地扩展和激发想象力，并促使你用令人兴奋的新方式思考问题。

跳蚤的故事

研讨会的许多学员跟我说，专注力练习有点难，至少刚接触的时候不容易。如果有人畏难抱怨，我就一再地给他们讲南方人训练跳蚤的故事。

我不是专家，但有人告诉我，跳蚤喜欢寄生在狗身上，到处乱跳，它们天天只知道跳来跳去。听说如果把跳蚤放进罐子里，它会马上跳出来。为了训练它，你要盖上盖子。跳蚤试图跳出去的时候，头就会重重地撞到盖子上。过一个小时你再来看，它还在往外跳，头还是撞在盖子上。过两个小时再来看，它还在跳，还在撞盖子。三个小时后，它还在跳，但现在不再撞着盖子了，而是只跳到盖子下面 2.5 厘米的高度。然后，你把盖子拿开，跳蚤仍然不会跳出罐子。这样你的训练就成功了，你改变了它的跳跃模式。

我问你：跳蚤能跳出那个罐子吗？答案是不能。它跳不出来了，因为它分辨不了什么是盖子施加的客观限制，什么是它给自己施加的心理限制。

你我也是如此。我们做生意，我们生活，我们给自己施加诸多限制，很多时候我们并不知道真正的限制和我们人为强加给自己的限制之间的区别。

本章的练习教你如何用新方法思考问题，释放你的想象力。如果觉得困难，就放慢速度，再做一遍。首先专攻谐音图像的练习，然后练习创造表义的图像，再将二者结合起来练习。

我希望你能持续跳出罐子。我想让你知道没有盖子，你可以想跳多高就跳多高，想走多远就走多远。你可以做想做的事，成为想成为的人。只要敞开怀抱，接纳全新的思维方式，相信自己：我能行。

复习

把抽象词语转换成图像的规则：

1. 将词语按音节分解。
2. 忽略该词的拼写方式。
3. 专注于音节的发音。
4. 大声重复每个音节。
5. 根据读音，创造一幅谐音图像。
6. 放轻松，享受乐趣！

必做的脑力训练

练习 1

请在大脑里为以下英文单词的每个音节创造一幅生动的图像。如果一个音节不能让你想象出画面，就把它和下一个音节结合起来，用这两个音节的发音进行练习。记得要大声说出这些音节。

1. 帅气的 handsome [′hænsəm]
2. 拒绝 denial [dɪ′naɪəl]
3. 顺从 conform [kən′fɔːm]
4. 马车 carriage [′kærɪdʒ]
5. 文章 article [′ɑːtɪkl]

练习 2

大声说出下面的英文单词，为每个词想象一幅读音相似的画面。

1. 信任 trust [trʌst]
2. 和平 peace [piːs]
3. 改变 change [tʃeɪndʒ]
4. 爱 love [lʌv]
5. 幸福 happiness [′hæpinəs]

第六章　定桩树清单

本章我们再做一个定桩练习。第五章我们在身体清单上固定了十件东西，这一次我们将在第一章的树清单上固定二十件东西。

我们先回顾一下树清单的内容。大声说出来："数字 1，树。数字 2，电灯开关。数字 3，凳子。数字 4，汽车。数字 6，手枪。数字 7，骰子。数字 8，溜冰。数字 9，猫咪。数字 20，香烟。数字 5，手套。数字 10，保龄球。数字 11，球门。数字 19，高尔夫俱乐部。数字 18，投票箱。数字 15，工资。数字 16，糖果。数字 17，杂志。数字 14，戒指。数字 13，巫婆。数字 12，鸡蛋。"

手套是什么数字？ 5。保龄球是什么数字？ 10。工资单呢？ 15。巫婆是什么数字？ 13。凳子呢？ 3。香烟呢？ 20。手枪呢？ 6。球门又是什么数字？ 11。

我希望你用三五分钟，回顾一下树清单，确保看到数字能马上想出对应的图像，反之亦然。对于记忆力来说，即时响应的能力很重要。如果你在某个数字上卡住了，请回到第一章，复习一下相关内容。确保对树清单的内容记忆犹新，方可进入本章的学习。

好了，现在我们要开始在树清单固定东西了。我给出一个数字，你要形象地描绘出与之对应的树清单桩子的图像。例如，我说 1，你脑子里就要浮现一棵树。然后我又给出一个要记的东西，你要用想象的动作，把这个东西和树清单的桩子联结起来。

对于定桩来说，什么最重要？图像必须形象生动，富有细节，要色彩鲜明，要足够夸张，要使用大量的动作——积极的动作。要充分调动五感六觉，置身其中，感同身受。你创作的画面越是滑稽无厘头，超乎真实生活之上，效果越好。

我再告诉你一些小技巧。如果愿意，你可以闭上眼睛，这样有助于你集中注意力。有些人喜欢睁着眼睛，就像白日做梦一样，这也是可以的。一次只做一件事。做 5 或 6 的练习时，就不要去想在树上或电灯开关或凳子上放了什么。你只需要关心此刻正在做的事情。这一整章就是为了告诉你——要相信你的记忆。做完这些练习后，你就能真正体会到它是一个多么强大的工具。

还有一件重要的事。进行到 14 的时候，你心里可能会有一个小小的声音在质疑："嘿！你真的认为我们能记住所有这些东西吗？"这种声音会给你带来压力，令人态度消极。不要让它阻碍你。放松，呼吸，微笑，继续读下去，坚持做练习。重要的是要让你的想象力发挥得淋漓尽致，并从中获得乐趣。要学会信任你的记忆，这是最好的方法。

定桩到树清单

每个项目开始练习时，我会先告诉你数字，你只需要用一两分钟的时间，将该项目关联到树清单上。第一个例子我会先给出图像做示范。

数字 1。你的脑海中应该马上出现一棵栩栩如生的树。我想让你定桩的是“大象”。所以要想象一头大象，用动作把它与树联系起来。可以的话，让你自己在画面中出镜，还要配上很多动作。如果你让大象坐在树旁，就不够好，因为这很无聊。也许是你骑着大象，而大象窜到了树上。也许是它坐在树上，你也在树上，它威胁要坐到你身上去。也许是它把鼻子缠在树上倒拔垂杨柳，然后甩着树干暴打你的头。也可能你是超人，你扯断了树，开始反击。发挥你的想象力，多比少好。现在你要记住的东西是数字 1“大象”。你可以闭上眼睛，花一两分钟的时间把“大象”定桩到树上。开始吧。

数字 2。此时一幅生动的电灯开关图像应该已经跃入你的脑海。

第二个要记住的东西是“番茄酱”。把番茄酱定桩到电灯开关上。你可能会想，番茄酱跟电灯开关可扯不上什么关系。你要做的就是发挥想象力，让它们扯上关系——用各式有趣滑稽的办法。记住，动作，动作！还要提醒自己，你正乐在其中，一切皆有可能。数字 2 是“番茄酱”。现在开始吧。

数字 3。你已经知道了，第三个桩子是凳子，而第三个要定桩的是“透明胶带”。把透明胶带固定在凳子上。尽力夸大动作，把你自己置身画面中，感其所感，闻其所闻，体验所有这些感觉。数字 3 是“透明胶带”。开始吧。

现在忘掉透明胶带，迅速回到数字 2，开始想第二个桩子。你应该可以马上想出电灯开关和番茄酱的图像。注意到了吗？这一切发生得有多快。

迅速回到数字 1，回想第一个桩子。注意大象和树的图像是如何瞬间出现在你的脑海中的。你现在可以轻松、随意地调用你的记忆力了。现在回到数字 3，凳子和透明胶带也好好地保存在你的脑子里了，它们已经锁定在你的记忆中了。

数字 4。第四个桩子是汽车，这你已经知道。这次我想让你记住“水”。不要弄一个往汽车上喷水的画面。这样的图像动作太少，且无聊透顶。可以的话，把你自己放进去，可以加上恐惧或者其他的情绪。水的流速可以更夸张一点，也可以想象一辆尺寸惊人的汽车，或给它涂上绚丽的颜色。数字 4 是“水”。现在开始吧。

现在忘记汽车和水，迅速回到数字 2。你应该马上想到番茄酱和电灯开关的画面，以及你赋予它们的动作。回到数字 3，凳子和透明胶带的场景是否已经从你的脑海中蹦了出来？现在回到数字 4“水”，画面又变幻成了汽车和水。

数字 5。第五个桩子是手套。把“泡泡糖”定桩到手套上，放松，专心给泡泡糖和手套制造疯狂的动作。显然不能只是把它包在手套里。要夸张，要可笑。多比少好。当然，画面还要生动。你可以用泡泡糖做很多事情！让想象力纵情驰骋吧，我们的目的是获得乐趣。数字 5 是泡泡糖。开始吧。

现在回到数字 4。你的脑海中会出现汽车和水，以及将它们联系在一起的动作。回到数字 2，你应该能瞬间回想起相应的图像和动作。现在体会到了吧。你拥有瞬时记忆的能力——你可以随心所欲地差遣你的记忆力。现在回到数字 5，手套和泡泡糖，你创建的图像场景也会清晰地浮现在你的脑海里。

数字 6。第六个桩子是枪。这里我要你记住“枕头”。把枕头固定在枪上。要有趣、可笑、夸张。不要忘记加上动作。数字 6 是“枕头”。开始吧。

忘记枕头和枪，回到数字 5，泡泡糖和手套的画面应该闪现在你的脑海中。回到数字 4，你会看到汽车和水，以及你创造的任何动作，因为它们已经被锁进了你的长期记忆中。现在回到数字 6，回想一下枪和枕头的画面。

数字 7。第七个桩子是骰子。我想让你记住“地毯”。想象一幅生动形象的地毯图像，记得动作要夸张，牢记“多好过少”。不要用明显的动作，比如有人在地毯上掷骰子。要奇妙滑稽，把你自己和情绪都放进去，痛苦、兴奋、恐惧、快乐，要令人难忘。数字 7 是“地毯”。现在开始吧。

忘记地毯和骰子，回到数字 6，重温枕头和枪的场景。你会发现图像仍然栩栩如生，行动清晰如旧，因为它们被锁定在了你的长期记忆中。再回到数字 5，泡泡糖和手套。现在回到数字 7，骰子和地毯。你的想象力越来越丰富，很容易想象出画面，动作富有生气，趣味盎然，你很放松，乐在其中。深吸一口气，放松一下，让思绪飘一会儿……

数字 8。你知道第八个桩子是溜冰。我要你记住“窗户”。一扇窗和溜冰之间能发生什么故事呢？你已经会自觉避开显而易见的东西，比如从窗户里看见有人在溜冰。你创造的画面要滑稽可笑，生动多彩。数字 8 是“窗户”。现在开始吧。

忘记数字 8，回到数字 7。你就像在脑海中回放电影一样，掠过骰子和地毯的画面。这些图像越发生动，场景回放也越发毫不费力。回顾数字 6。然后回到数字 8，“溜冰和窗户”，让画面跃然脑海。

数字 9。第九个桩子是猫。我要你记住的第九个东西是“吉普车”。创造一个猫和吉普车的画面。记住要夸张、生动。也许这只猫巨大无比，也许猫的数量惊人。当然，还有离谱的动作。数字 9 是“吉普车”。开始吧。

现在忘掉猫和吉普车，回到数字 8，“溜冰和窗户”，你想象的动作应该很快跃入脑海。转到数字 7。再转到数字 9，“猫和吉普车”，它们的图像和动作都回来了。

数字 10。第十个桩子是保龄球。我想让你把"脚"固定在上面。不是你的鞋子，也不是你的双脚，而是你想象中的那只脚。记住，要尽可能具体，要避开显而易见的动作。要想一些不可能的、有趣的东西，一个用奇怪的材料制成的保龄球。用脚做一些你在现实生活中做不到的事情，比如用脚抓起保龄球、接球玩儿。持续运动，动作多比少好。数字 10 是"脚"。现在把它固定在保龄球上吧。

忘记数字 10，回到数字 9，"吉普车和猫"。现在复习数字 8。休息一下。记住，我们每次只专注一件事。贪多必失，我不希望你被自己绊倒。我希望你能越来越信任你的记忆力。你会看到你的记忆力有多么强大，它记忆东西能有多神速。现在回顾一下数字 10，"保龄球和脚"。

数字 11。第十一个桩子是球门。我希望你把"领带"固定在球门上。你能创造出哪些涉及领带和球门的生动画面？也许你可以把它们想象成五颜六色的、巨大无比的。让你自己置身其中，画面越夸张越好。我喜欢将一条巨大的粉色领带系在球门的两端，我坐在上面荡秋千，晃来晃去快要掉下来了。这个场景很夸张，也有很多动作，还充满了情感。数字 11 是"领带"。开始吧。

回到数字 10。你的脑海中应该出现保龄球和脚，你能清楚地描绘每一件事，想起每一个动作。再回到数字 9。接着回到数字 11，"球门和领带"。我希望你能看到有很多动作的生动图像。

数字 12。第十二个桩子是鸡蛋。我想让你记住“芥末”。提起芥末，我首先想到的是它的口感。你创造图像时，可以集中注意力研究它的口感特色，还有芥末的各种色调。现在给它们配上夸张的动作。这个定桩动作可以很有乐趣，创作过程中切记抛开逻辑，专注于享受其中的乐趣。不要忘记尝一尝、闻一闻，感受它的辛辣口感。数字 12 是“芥末”。现在把芥末定桩到鸡蛋上吧。

回到数字 11。你看到了领带和球门。然后转到数字 10，保持放松。现在你知道自己拥有多么强大的记忆力和想象力了吧。你可以随心所欲调用这些图像。现在深呼吸，再回顾一下数字 12。

数字 13。第十三个桩子是巫婆。这里我想让你记住“书”。想象一个形象生动的书的图像，用动作和夸张手法，把巫婆和书关联在一起。

迅速回到数字 12，你应该可以看到“鸡蛋和芥末”。再回到数字 11。再到数字 13，“巫婆和书”又挥舞着动作出现在你的脑海中。

数字 14。第十四个桩子是戒指。你要记住“椅子”。也许是你最喜欢的椅子；也许是你在商店橱窗里看到的一把椅子，你想把它买下来。你要怎么把它和戒指关联在一起？也许是戒指很大，比什么都大。椅子搁在戒指上，摇摇晃晃不平整，你坐在椅子上，好像就要摔倒，你怕极了；或者，那把椅子在戒指上转来转去，而你紧紧抓着椅子，就像抓着一根救命稻草；或者，天花板上挂着一枚巨大的戒指，椅子悬在戒指上，而你在上面做体操。这些都是在现实生活中不可能发生的事情——至少在我的生活中不可能发生。想得越离谱越好，享受这个过程。数字 14 是“椅子”，把它定桩到戒指上。

迅速回到数字 13，想象女巫和一本书，有什么动作？现在回想数字 12，动作又是什么？数字 14 呢，联结戒指和椅子的动作是什么？

数字 15。第十五个桩子是工资。我希望你记住“一杯咖啡”，把咖啡定桩到工资上。不要把咖啡洒在工资单上，那很无聊，会让人一眼看穿——至少对我来说是这样。我们的想象要高于生活。把自己放进画面中，别忘了加入丰富的情绪。数字 15 是“一杯咖啡”，现在把它跟工资关联吧。

现在忘记咖啡和工资。回想数字 14，你应该看到了那把椅子和戒指。数字 13，你看到巫婆和书了吗？现在回到数字 15，“工资和一杯咖啡”。

数字 16。第十六个桩子是糖果。要确保你想象的糖果有很多细节、清晰可见，把“鳄鱼”定桩到糖果上。想象自己在画面里——这是让画面变得生动有趣的诀窍。也许你给鳄鱼舔糖果，被一口咬断一只胳膊；也许缺胳膊少腿的是那头鳄鱼，因为你才是那个张开血盆大口的人；也许鳄鱼驮着你蹚过了河，吃着糖果，享受生活的好时光。别忘了把鳄鱼想象得生动一点，让你的想象力飞吧。数字 16 是“鳄鱼”，现在把鳄鱼与糖果关联吧。

现在回到数字 15，不出意外的话，“工资和一杯咖啡”会快速出现在你的脑海中。再到数字 14，你会看到“戒指和椅子”。再回到数字 16，那里有“鳄鱼和糖果”。

数字 17。第十七个桩子是杂志。我想让你记住“球棒”。杂志长什么样子？球棒摸起来感觉如何？它们是什么颜色的？你给它们配什么动作？你想用球棒和杂志做些什么？要想象现实生活中无法做到的事情。你把自己放进画面中了吗？你的情绪如何？你设置的场景是有趣的，还是吓人的？数字 17 是“球棒”，现在把它定桩到杂志上。

现在回到数字 16，看到“糖果和鳄鱼”了吗？还有那些疯狂的动作？数字 15，你应该看到“工资和一杯咖啡”。然后是数字 17，“杂志和球棒”。确保你想象的图像生动有趣，动作持续。

数字 18。第十八个桩子是投票箱。我们要记住“啤酒”。啤酒配投票箱，这应该不难。但请记住，要夸张有趣、滑稽可笑，让它比真实的更大，还要有大量的动作。数字 18 是“啤酒”。给投票箱和啤酒想象出一幅图像，把它们联系起来。

回到数字 17，回想“杂志和球棒”的图像。接着回到数字 16，“鳄鱼和糖果”。再回到数字 18，“投票箱和啤酒”。

数字 19。第十九个桩子是高尔夫俱乐部，我们要记住“篮球”。你怎么把篮球和高尔夫俱乐部凑在一起？它们在现实生活中并没有什么关系，而这正是这个练习的重点。在脑海里想出生动的图像，用上大量疯狂的动作，想办法将它们联系起来。数字 19 是“篮球”，现在把它定桩到高尔夫俱乐部上。

回到数字 18，回想“投票箱和啤酒”的图像。回顾数字 17，“杂志和球棒”。再回到数字 19，“篮球和高尔夫俱乐部”。

数字 20。第二十个桩子是香烟，我们要记住的是“钢琴”。你如何将一架钢琴和一包香烟关联呢？现实中钢琴这么大，而香烟这么小，我们不如反其道而行之——把钢琴缩小，又把香烟弄得和钢琴一样大。现在选择动作，把你自己放进画面中，让它变得有趣、可笑，并且充满感情。数字 20 是“钢琴”，现在把它与香烟联系起来。

回到数字 19，“高尔夫俱乐部和篮球”。再回到数字 18，“投票箱和啤酒”。现在回到数字 20，“香烟和钢琴”。

现在拿出一张纸，在左边写上 1 到 20。然后凭记忆写下我要求你记住的二十个词语。写 1 对应的词时，你要问自己，第一个桩子是什么？你的脑海里应该跳出一棵树的图像，你定桩到树上的东西也会同时出现在脑海中。不要记任何动作，只要写下我让你记住的那个词。写到数字 2 时，你会在脑海中寻找第二个桩子，也就是电灯开关，你用电灯开关创造的生动画面也会自发跃入脑海。

数字	联想	词语
1		
2		
3		
4		
5		
6		
7		
8		
9		
10		
11		
12		
13		
14		
15		
16		
17		
18		
19		
20		

为了帮助回忆，你可以问自己两个问题。第一个问题，“我的桩子是什么？”然后唤醒相应的图像记忆。第二个问题是关于动作，“我的动作是什么？”或“发生了什么？”或“我在做什么？”第二个问题能帮助你把注意力集中在画面的动作上，并回想起创作的画面。如此操作，你应该能够回忆起大部分甚至全部的内容。

放轻松，不要急于求成。你越是放松，图像就越容易被唤醒。如果某个地方卡住了，就跳过继续往下进行。合上书，开始吧。

现在，让我们回顾一下这二十个项目，你可以看看自己做得如何。数字 1，大象。数字 2，番茄酱。数字 3，透明胶带。数字 4，水。数字 5，泡泡糖。数字 6，枕头。数字 7，地毯。数字 8，窗户。数字 9，吉普车。数字 10，脚。数字 11，领带。数字 12，芥末。数字 13，书。数字 14，椅子。数字 15，一杯咖啡。数字 16，鳄鱼。数字 17，球棒。数字 18，啤酒。数字 19，篮球。数字 20，钢琴。

如果你记错了任何一个，原因可能是：

1. 你对树清单的桩子不熟悉。对树清单了如指掌，练习才能得心应手。“我的桩子是什么？”这是你要问自己的第一个问题。

2. 你的图像不够生动清晰。如果你把数字 8 记成“玻璃”（而不是“窗户”）或把数字 10 记成“鞋”（而不是“脚”），你离正确答案只有一步之遥了，这一步之遥是在告诉你，你还需要多加练习如何创造生动的图像。

3. 你的动作死板无趣。人们记不牢通常是出于这个原因。如果我问你动作是什么，你答不上来，十有八九是因为你的动作很无聊。无聊的动作表明你还没有充分发挥想象力，你需要努力创造更多生动形象的动作。

4. 压力影响了你。过大的压力会阻止信息流出，实实在在地破坏你的记忆力。

关于压力的问题，我们在接下来的章节中会讲解。现在，你一定要记住，在把不同的信息相互关联时要尽可能放松，放手让你的记忆力自然运转。你会尝到你们合作共赢的甜头！

祝贺你！你不费一笔一墨就将二十个东西刻进了记忆里，你还锻炼了你的记忆力和想象力。最重要的是，我希望你变得更加自信，并真正学会信任和尊重你强大的记忆力。开发魔术记忆之路漫漫，唯信任，才能走得更远。

用树清单记忆

你需要给桩子（树、电灯开关、凳子等）和要记的东西分别想象一幅生动、清晰的图像，再用动作把它们联系起来。

把你想记住的第一件东西固定在第一个桩子上，第二件固定在第二个桩子上，依此类推。

练习提示

1. 置身于图像中。
2. 闭上眼睛，帮助你集中注意力。
3. 一次只专注一个桩子。
4. 问自己两个问题：
a. 我的桩子是什么？
b. 我的动作是什么？

记不住的原因

1. 不熟悉树清单的桩子。
2. 图像不够生动。
3. 动作不到位。
4. 压力影响记忆力。

必做的脑力训练

1. 复习本章的练习，把二十个项目再次定桩到树清单上。但这一次，你要试着想象出不同于前面练习中已使用过的动作。

2. 观看卡通动画，如《兔八哥》《加菲猫》等，这些卡通动画能帮你发挥想象力，放松紧绷的神经，激发各种奇思妙想，并享受幻想的乐趣。在把词语转化为图像时，卡通形象也提供了很好的动作示范——夸张、多姿多彩、滑稽无厘头。

第七章　身体如何影响记忆

通过前面几章的学习，你已经懂得了如何创建桩子，如何用桩子存储新信息。我们玩了专注力游戏，并将二十个词语定桩到了树清单上，这不仅帮助你学会用新的方式思考问题，还让你认识到记忆的速度和强大。最重要的是，你正在学会信任自己的记忆力，开始敢于放手，让记忆力能够自主工作。

但训练记忆力跟运动锻炼一样，也需要劳逸结合，适时休息。本章我们不做练习，而是回顾一下大脑是如何处理信息的，这样你才能更好地理解所做的练习。我还会告诉你，你的身体与心灵是如何相互联系的，压力和食物如何影响你的记忆力。我还将分享某些影响记忆力的疾病的信息，告诉你可以做些什么让记忆力变得更强大，让身体更健康，让生活更平稳。

书本当然不能代替医生。我只是把你“领进门”，更进一步探索的“修行”还在你自己。也许你在这里读到的信息可以帮助你跟医生讨论你的健康问题，给你提供一个解决方案，或者启发你更好地照顾自己。与本书其他部分一样，学习全凭自觉自律，你是自己身体的第一责任人。请充分利用这里提供的信息，让它最大限度为你所用。

心智如何工作：处理信息的五个阶段

我想谈谈你的思想，以及它是如何工作的。为了把它讲清楚，我们首先需要明确：思想并非大脑。当我们谈论大脑时，我们指的是你脑子里的那团灰色物质，包括化学物质和神经递质。

而当我们谈论思想时，我们谈论的是你的大脑工作时发生了什么，这才是大脑的本质，也是我们在本书中所关注的内容。我们要研究在神经递质传递信息时，大脑中发生的有意识和无意识的行为。记忆是如何适应这种机制的？为什么你会在不经意间记住一些事情呢？

想象一下这个场景。你走进一家银行或者杂货店，看到一个以前见过的人。你打招呼说："嗨，你好……"说完"你好"后，你的大脑一片空白，完全想不起对方的名字。你有过这种经历吗？我们每个人都或多或少有过类似经历。我们苦苦思索一整天，想要想起这个人的名字，却一无所获。三天后的凌晨两点，我们从梦中惊醒，那个人的名字不知从哪里冒了出来，"哦，是杰克·史密斯呀"。

同样的现象也发生在解决问题的过程中。你遇到一个难题，绞尽脑汁跟它较着劲，一天、两天、三天。也许你需要先解决一个人事问题，工作才能继续开展；或者说你正待解决的是财务问题。你一直在思考这个问题，从各个角度切入分析，却始终想不出一个满意的方案。三四天后，你在看电影。你没有再想这个问题，要么是放弃了，要么是决定暂停思考休息一下。此时，神奇的事情发生了——你想出了一个完美的解决方案。这个问题原来如此简单，你问自己："为什么我没有早点想到这个？"

当你试图回忆某件事情的时候，你的思想是如何工作的？在上面的例子中，虽然不够及时，但答案最终出现在了你面前，所以它们显然是存在于你的长期记忆中的，只是不能及时唤醒。为什么不能？在处理信息或记忆时，你的大脑会经历五个阶段，或者说五个思维层次，它们分别是：

1. 思考阶段
2. 表达感情阶段
3. 观察 / 搜索阶段
4. 创造阶段
5. 认知阶段（信息库）

第一阶段，即思考阶段，是你有意识地去做。你知道自己想记住某个信息或解决某个问题，所以你分析、比较，你对自己提问，以期能引导你找到正确答案。在上面的例子中，你其实知道这个人的名字，也能找到问题的解决办法，但无论如何绞尽脑汁，你都没有得到想要的答案。为什么呢？因为答案要在第五阶段才能揭晓，而你卡在了思考阶段。

一条通往第五阶段的路径是通过第二阶段，表达感情阶段。把情绪作为桥梁，架在第一阶段所代表的有意识思维和第三至第五阶段所代表的无意识思维之间。情绪是你的“直觉”感受，比第一阶段稍为深入。还记得吗？在第四章中，往身体清单上定桩信息时，我一直在说，加入真情实感有助于强化桩子与新信息的结合。带着痛苦、恐惧、愤怒、爱或其他情感，你的思维就能在更深层次上进行思考。一旦你的情感参与回忆中，你便可以抛开理性分析，自动进入下一个阶段，即观察 / 搜索阶段。

你的思想有许多不同的工作层面。深层次的思考往往是无意识的，你的思想做了很多工作，而你毫无察觉。事实上，你的无意识比意识强大得多。记忆五部曲中的第三部，即观察 / 搜索阶段非常重要。我一直将大脑比喻成一个庞大的文件柜，你的所见、所闻、所想都储存在文件柜里。记忆进入第三阶段（观察 / 搜索阶段）时，受感情的驱使调动，你的无意识思维开始在文件柜中自由穿梭，数秒内便可以检索到所需的信息。图片是它检索信息的主要方式，而这一切发生得有多快，想必你已经有所体会。

现在，有趣的事情发生了。有时你的无意识畅通无阻直达第五步，进入信息库，翻检出你想要的信息。有时候却不能如此顺利，我们的无意识需要花些时间才能找到我们需要的信息，如杂货店的例子所示。目前还没有科学研究能明确回答为什么有些信息“浮出水面”要比其他信息花上更长的时间，但可以肯定的是，无意识一出马，几近无所不能。

在第二个例子中，你要寻求一个问题的解决方案时，你的思维必须进入另一个层次——创造阶段，才能找到答案。为什么呢？因为没有一个文件记载有现成的解决办法。你的“思想”要翻阅不同的文件，检索你已知的一切，然后设计出一个新方案，存储进大脑新建的文件里。而这也需要时间。在这期间，你可能已经有意识地停止了思考这个问题，但你的无意识仍兢兢业业一刻不停地奔波求解。

有时可以很快进入创造阶段，自由女神像的故事就是很好的例子。提到紫色硬币时，你的大脑活动是怎样的呢？你会不自觉地进入观察 / 搜索阶段。你的无意识发现了一个名为“紫色”的文件，以及一个名为“硬币”的文件。但是，它搜索完文件柜里数万亿的海量信息后，可能并没有发现有名为“紫色硬币”的文件。那它会怎么做呢？它会创建一个新的文件。这就好像你的无意识在说：“我有一个叫紫色的文件，还有一个叫硬币的文件。现在我打算把它们合并起来，创建一个叫‘紫色硬币’的文件。”

在创造阶段，你的大脑会将不同的文件和信息碎片，以不同的组合方式创建成新文件。创建文件时，也会在大脑中创造出新的信息路径，这有助于进一步加强记忆。创建的文件越多，记忆力就越好，你的思维也会更敏捷、更清晰，整个过程也会越来越得心应手。

更重要的是：创造即懂得。这时你就到达了第五阶段，即知道阶段。你就像站在文件散乱的办公桌前，但又能毫不费力地找到每个文件。为什么？因为是你创造了混乱，这也是我一直坚持不让你做笔记的原因。你创造什么，你就会懂得什么，你只需要学习如何取用它。

我还希望，通过后续的练习，以及我给出的示例，你可以创造出自己的应用案例。我的示范只是为了提供一个思维框架，向你演示具体的操作方法，并启发你不同的想法。最重要的是，你要创造性地延展这些想法，不断训练你的记忆力，拓展无意识的思维能力。

压力与记忆

你试图回忆某事时，有一种威胁（讨厌的东西）会迫使你在思考阶段停滞不前，我们称之为压力。压力会破坏你的记忆力，因为它会让思维的轮子徒然空转，无法发挥无意识的思考力，从而无法到达第五阶段。

压力分为两类——情绪压力和身体压力。情绪压力是由某种情绪造成的。你极力“控制”，不让自己被情绪吞噬。情绪可以是积极的，如喜悦；可以是消极的，如恐惧或愤怒。身体上的压力则是由于你的身体以某种方式超负荷工作：暴饮暴食，过度劳累，甚至过量阅读。

你听说过“或战或逃”综合征吗？当你感到有压力时，大脑会指挥身体全副武装保护自己。你会心跳加快，血压升高，肌肉绷紧——换言之，你无法放松。远不止于此。你的大脑知道，现在该蜷缩起来自卫，而不允许无意识思维自由游走，也就无法释放你深层次的思想。

有时，仅仅是试图记住一些东西就能让你倍感压力。往往是你越努力，情况反而越糟糕，就像你想要记住某人的名字或找到问题的解决方案一样。你越是告诉自己要放松，越是适得其反。你越是告诉自己不要困扰，不要再想，反而越有压力。

我一般用两种方法来减轻压力。一是禁食。根据你的饮食习惯，禁食可以清除各种毒素，在几天内让你的整个身体系统焕然一新，让新陈代谢更高效，精力更充沛，思维也更活跃敏捷。切记，禁食必须要有周密的计划，并在医生指导下进行。切勿擅自禁食。

关于禁食，我还想说一件事。饮用水也会在人体内积累毒素。我们日常使用的水里含有许多化学物质——铅、氯、合成有机化学品，以及市政水处理本身引入的其他化学物质——这些都是实实在在的有毒物质。我建议你立即检测你家里的自来水，并考虑安装净水系统。但是，不要轻信无良销售商的广告，实际上，他们推销的净水器带来的毒物比取出的还要多。寻求专业检测机构的帮助，确保检测结果真实准确。

减压的第二个方法很简单，随时随地都可以做，而且很有效。它可以帮你从思考阶段跳脱出来，解放你的无意识思维。而你所要做的只是眨眨眼睛，暂停手头的事情，抬起头向上看，向左或向右都可以，保持几秒钟。这个简单的动作可以使左右脑半球协同工作，从而更容易读取大脑存储的信息。

你可以通过类比脱口秀和电影的情节来了解这个方法的原理。人们在讲述个人逸事或生活经历时，会感到压力增加，因为过去的事情总是能引起很多情绪。你留意过吗？在访谈节目中，嘉宾们在谈论自己时，特别是谈到一些对他们来说很重要的事情时，他们会不时抬起头来。这是因为他们试图减少因情绪产生的压力。再看看电影里，角色透露重要信息或讲述故事时“诉衷肠”的情景，演员一直盯着前方，我总觉得此情此景下的这个反应有些假，让人觉得出戏。我一直有这种感觉，但不知道原因为何。现在我喜欢跟我的观影伙伴指出这一点。

在整本书中，我让你回忆某些东西时，请牢记：不要往下看，也不要死盯着一处看，更不要用力过猛，一心想想想，非要想出来不可。而应该放松，深呼吸，花点时间抬起头左右看看。据我所知，这是脱离思考阶段最简单有效的方法。

营养和记忆力

身体和心灵协同工作，相互影响。如果身体虚弱，情绪也会受到负面影响，从而影响你的记忆力。反之，如果身体健康，你就会心情愉悦，你的生活态度也会更乐观，从而你的记忆力也会得到增强。

身体处于稳定状态时，各部分各司其职，整体功能最优。我们把这种状态称为“动态平衡”。当你身体中所有相互依存的元素——身体、情感和精神——步调一致协同运作时，身体的工作效率达到顶峰。要保持身体健康，最好的方法是合理膳食。

不幸的是，营养学作为一门学科还非常年轻，对于不同食物的好坏仍存在很多争议。也许刚有一项研究表明你应该多吃某种食物，另一项研究却紧随其后得出相反的结论。虽然食物能对身体产生切切实实的影响，但这种影响微妙且复杂，多种因素相互交杂，难以一一厘清。每个人情况迥异，身体的化学反应也存在个体差异。以下准则是我的经验之谈，它们在我获得超强记忆力的道路上发挥了很大的作用，希望它们也能对你有所助益。但是，我一直秉持这个观点：如果你不认同某些观点，或者它的反面似乎对你更有用，请相信你自己的经验。即使不能认同，你也可以以之为跳板，做进一步研究，然后告诉我你的发现，这样我们就可以与更多的人分享这一令人欣喜的成果。

你做本书的练习或其他繁重的“脑力劳动”时，要注意消化不同的食物需要的时间。在第一章列举的基本规则里，我就告诫过你不要饱腹做练习。人体的血液有定量，哪里最需要它，它就往哪里去。在饱食一顿之后，血液自然会集中流向消化器官。你还应该知道，重要的不仅仅是你吃了多少东西，还有你吃的是什么东西。某些食物需要的消化时间比其他食物更长。例如，猪肉比其他肉类需要更长的时间来消化，牛肉需要的时间则要短一些，而家禽和鱼优于牛肉。至于碳水化合物，复合碳水化合物（如全麦面条）是健康之选，但它们的消化时间往往比简单碳水化合物（如普通面食）要长。蔬菜、水果和果汁消化得最快。如果在做大量脑力劳动之前你非要大吃一顿，点菜时多选一些蔬菜和水果，工作起来你就不会昏昏欲睡，甚至思维还相当敏捷，因为这些食物相对容易消化。

不应该吃的食物

火鸡肉。如果你想拥有最佳精神状态，此前几个小时不应食用火鸡肉。火鸡肉富含色氨酸，这是一种能促进睡眠的氨基酸。你留意过吗？当你大吃一顿火鸡肉的晚餐之后，你疲倦不已，昏昏欲睡，行动迟缓。这不只是因为你吃撑了，还有色氨酸在其中作怪使坏。因此，如果你想保持清醒，思维敏捷，请抵制诱惑，远离火鸡肉。做完工作交了考卷，或者马拉松长跑般的工作告一段落以后，你大可以想吃多少就吃多少。

糖类。糖对记忆力的影响很糟糕。为什么？身体摄取的糖分会促使胰腺分泌胰岛素，胰岛素是分解糖以促进其代谢的重要激素。糖分激增会让胰腺不得不努力制造胰岛素以应付需求，你的血糖可能会在进食后一两个小时达到峰值。然后呢？你会“崩溃”，也就是说，一切将变得迟滞，包括你的思维。

对思维产生负面影响的糖，主要是指加工糖或精制糖，主要见于烘焙食品、糖果、苏打水等食物和饮料中。此外，你餐桌上的白糖，以及含红糖的食物也应扔出你的食谱。

但是饼干中的果糖是一种单糖，它不会像加工糖一样引起血糖的骤升骤降，它被血液吸收的速度较慢，对胰腺的影响要温和得多，不会导致胰岛素大量分泌。

白面粉。白面粉？对，就是你在超市购买的面团或者面包产品中的白面。白面粉是一种简单碳水化合物。人们通常认为，所有的碳水化合物都对人体有益。你吃得越多，你的身体就越好。这是一种误解。简单碳水化合物和复合碳水化合物是有区别的。简单碳水化合物（如面团、面包）的糖化率很高，也就是说，它们的含糖量很高，胰腺必须分泌更多的胰岛素，才能将其分解。

白面食品对消化道也很不友好。为了验证这一点，你可以把水倒入白面粉中拌匀。得到了什么？黏稠的面糊。这就是它在你肠道里的样子。这些糊状物分解时，会导致不同程度的便秘，整个消化系统也跟着受影响。这项工作需要很多血液，供给大脑的血液便少了。

如果将全麦面粉加水混合搅拌，却什么也不会发生。它不会变得黏稠坚硬。全麦面粉是一种复合碳水化合物，糖化率相对较低。胰腺不需要非常费力地分解它，血液中的胰岛素水平也就能保持相对稳定，血糖也不会忽高忽低。

咖啡和酒精。这两者也须在禁令名单上占有一席之地。知道归知道，大多数人不会真的戒酒和戒咖啡。我们都知道咖啡因有提神醒脑的功效，它确实能刺激大脑的神经递质，加速它们的运动。但是存在一个临界点，超过该点后，效用便递减。咖啡因也会令人产生不安的情绪，甚至导致其他身体问题。而酒精恰恰相反，它会麻痹神经递质，令人思维迟钝。但也有一点好处——它可以减轻压力，能让你更容易回忆起事情。

阿斯巴甜和味精。远离这些“兴奋性毒素”！阿斯巴甜和味精对大脑的影响尚未有定论。但可以用一个简单的测试，看看这些物质是否会对你造成影响。先戒食含有阿斯巴甜（甜味剂）和味精（有时也被称为“水解植物蛋白”）的食物，两个星期后，再重新食用含有它们的食物，看看感觉如何。我特别关注含有阿斯巴甜或味精的儿童食物。我的看法是：“离它们远点！危险！”

卵磷脂和其他记忆促进剂

多吃富含卵磷脂的食物可以提高记忆力。卵磷脂是一种磷脂，属于脂肪性物质。卵磷脂含有胆碱，大脑中有很多神经递质，胆碱是其中一种的构成基础，而这种神经递质则构成了思维和记忆的基础。如果大脑中卵磷脂含量高，思维就会更敏捷；反之，思维缓慢、反应迟钝。智商在150~200之间的天才，其大脑中的卵磷脂含量高得惊人。富含卵磷脂的食物有大豆、动物内脏、鸡蛋和小麦胚芽。

卵磷脂也可以作为一种补充剂单独出售。当然，关于食品补充剂也有很多争议，因为研究的目的是确定补充剂的有效性，而不是研究你需要从食物中获取什么营养。过量使用补充剂引发的副作用也是一个需要注意的问题。我相信补充剂可以有效加强营养，但只可作为辅助手段，而不能替代食物中的营养。

如果你要在健康食品店购买卵磷脂补充剂，请先问清楚产品的PC含量。PC含量是指卵磷脂的纯度。不同产品的纯度各有不同，虽然美国食品及药物管理局（FDA）没有给出官方指导意见，但大多数服用者都认为PC浓度应在30%~35%之间。

有一些草药对大脑功能和记忆力有积极作用。有一种奇妙的草药“银杏”，在中国和欧洲被使用了几个世纪。银杏可以改善大脑的供氧，让人更加敏锐，并能增强记忆功能。

对于需要快速提升记忆力的人来说，瓜拉纳（巴西香可可）是不错的选择。瓜拉纳是一种草本植物，是咖啡因的天然来源。它有咖啡因的提神功效，却不会像咖啡那样引发过度兴奋与紧张。

疾病也会影响思维和记忆力

过去几年，一些疾病受到媒体的大量关注。它们的症状复杂多样，难以诊断。有时候，这些症状很模糊，医生常常对前来求助的病人说：病因来自大脑。有时，人们觉察到身体不太对劲，但觉得不算严重，便不想因为同一件事反复去看医生。尽管人们对这些疾病的认识在不断提高，但仍存在许多误解。由于它们都会对记忆力造成伤害，我在这里讨论两种疾病：念珠菌病和爱泼斯坦—巴尔综合征（也称为“肾病综合征”）。

对我来说，谈论念珠菌病很重要，因为几年前我就患过这种病。有几个月，我越来越嗜睡，有时一天能睡 12 个小时，还伴随一些其他症状，比如水肿和胀气。同时，我的注意力难以集中，记忆力下降。起初，我以为是压力过大所致。当时我不断穿行于美国各地举办研讨会，还要处理美国记忆研究所的相关事务。但是，无论我睡多久，怎么努力照顾自己，症状仍不见好转。我开始频繁地看医生，很多医生都说是我的脑子出了问题。

幸运的是，我最终遇到了一位好医生，他诊断出我患有念珠菌病。接下来几个月，我接受医生的建议，采用整体疗法，改变了饮食习惯，同时补充维生素，情况慢慢有了好转。我的精力慢慢恢复，头脑变得清明，水肿胀气的症状也消失了。我终于找回了以前的自己。

念珠菌病是白色念珠菌在肠道内积聚过多引起的。白色念珠菌是一种类似于酵母菌的真菌。诊断念珠菌病的难点在于，其症状多变，拿我的情况举例，刚患病时症状很微妙，不易觉察，后来病情慢慢加重。有些被确诊的患者说他们总是感到乏力，很想吃糖和面制品，早上也很难爬起床。最常见的一个症状是疲倦。“我一到下午就觉得很累，脑子也转不动，容易紧张和焦虑。我是哪里出了问题吗？”这是典型的症状描述。念珠菌病也会影响你的思维和记忆力。

我认为，如果你怀疑自己可能患有念珠菌病或觉得精神恍惚身体虚弱，找一个了解整体医学的医生求助很重要。传统西医只专注于特定问题的研究，通过药物和手术手段治疗疾病。整体医学则恰恰相反，它是将身体看作一个整体，研究每一部分如何共同发挥作用。整体医学注重使用自然物质，并通过改变饮食和生活方式来达到治疗的目的。

我想讨论的另一种疾病是由人类疱疹病毒第四型（即爱泼斯坦 - 巴尔病毒）引起的。这也是一种症状微妙却实实在在的疾病。

我有一个朋友，很年轻，但已被这种病症折磨多年，她自己却对此一无所知。听说了我患念珠菌病的经历后，有一天她来找我，告诉了我她的症状。她说，上学这么多年，她总是不能很清楚地思考问题。其他孩子很快就能掌握的概念，她却要花上很长的时间。她觉得这是因为她“不够聪明”。回顾过去，她意识到自己总是有点精神不振，注意力涣散，没法集中精力做事。说到这一点，她也认命地觉得自己就是这样的人。她认为自己不适合上大学，就停止了求学，找了一份收入低、无压力的工作，胡乱应付日子。

我带她去了一家诊所，在那里，医生会对客户进行整体评估。医生诊断她感染了人类疱疹病毒第四型（即爱泼斯坦 - 巴尔病毒）。病毒已经侵入了我朋友的中枢神经系统，不仅对她的记忆力造成破坏，也影响了其他的思维过程。这是爱泼斯坦 - 巴尔病毒攻击人体的常见情形。我朋友接受了顺势疗法治疗，几周后，体内的爱泼斯坦 - 巴尔病毒得到了控制。这名年轻女子现在已经回到学校，她的学业表现很出色。

与念珠菌病一样，我们发现爱泼斯坦 - 巴尔综合征也可以通过整体疗法加以控制。我强烈建议患有相关疾病的患者，一定要找经验丰富的、擅长顺势疗法的专家寻求帮助。我见过美国有许多人不能充分发挥他们的聪明才智，他们或是无法条理清晰地思考问题，或是记忆力很差，工作和学习的效率都差强人意。有些医生可以很简单地诊治这些问题，费用也并不昂贵。

阅读本章后，我希望你能够有一个基本的且非常重要的认识：很多时候，我们不能清楚地思考问题，或是记忆力受损，往往是有生理原因的。要时刻关注自己的身体情况，充分了解自己的健康状况，发现不适及时咨询医生。

复习

大脑处理信息的五个阶段

1. 思考阶段
2. 表达感情阶段
3. 观察 / 搜索阶段
4. 创造阶段
5. 认知阶段

两种压力

情绪压力

生理压力

减轻压力的方法

抬头向上看，向左向右均可。

基本食物的消化速度（从慢到快）

猪肉→牛肉→家禽和鱼类→蔬菜→水果→果汁

不应该吃的食物

1. 火鸡肉
2. 糖类
3. 白面制品
4. 咖啡和酒精

第八章　定桩房子清单

现在我们继续做定桩练习。我相信学完本章以后，你会更加惊讶于自己的超强记忆力，因为我们这次会专攻记忆速度。

我们先复习一下“房子清单”，只能在脑海中回想，不允许用纸笔写。你只需要坐下来，放轻松。我要求你在漫游房子清单里的四个房间时，按顺序把清单上的每个桩子在脑海里生动地描述出来。从第一个房间开始，花几秒钟描述第一个桩子，然后依次是第二个、第三个、第四个和第五个。完成第一个房间后，继续走到下一个房间，并按顺序描述所有的桩子，直到走完所有四个房间。如此反复三次，从 1 到 20，形象地描述出每个桩子。相信这些桩子会立刻出现在你的脑海中。

合上书，开始复习吧。

做这个练习时，你可能会说：“这太简单了，凯文。之前我才复习过房子清单呢，它还牢牢锁在我的脑子里。”是的，我知道。它就应该在那里，且牢不可破。

复习完房子清单，我们会用它做另一个练习。我给你十个词语，你要把它们定桩到你的房子清单上。你要为这些词语创造出生动形象、色彩缤纷的图像，形象到可闻其味、可辨其形、可听其音，如果愿意，你还可以让自己也进入画面中。然后，你要从房子清单中取出一个桩子，用滑稽可笑的动作将二者关联起来。

有一点很重要：在房子清单的桩子上固定新信息时，需要比身体清单或树清单做得更牢固一些。这是因为房子清单是你创造的。这些桩子都是你自己家里的东西，不是我的，也不是随便谁的。人当然会对属于自己的东西更有感情。比如，租来的车和你自己的车，哪辆坏了你会更难过？你以后要回忆定桩在"房子清单"上的内容时，这一点会很有用。我们在上一章学过，你越投入情感，越容易走出思考阶段，进入无意识的观察/搜索阶段。它还会给你额外的奖励——你会发现，房子清单的桩子更好用。

另外定桩新信息时，不要联想。记住，联想是基于逻辑的。在第二章里，我们把"树"和数字"1"联系在一起，因为树干的形状看起来像"1"。桩子则恰恰相反。它是把两张图像以一种无意义的方式组合在一起，创造出一些现实生活中不可能发生的场景，比如一头狮子穿着一件毛皮大衣。

由于我们这次要练习记忆速度，如果跟伙伴一起练习会更容易，但一个人也可以。下页列出了十个词语，我喊开始的时候，你要看着第一个词语，给它创造一幅生动的图像。然后从你的房子清单中选出第一个桩子，用动作把这两幅图像组合在一起。把整个房子清单看一遍，尽快完成，花在每个词语上的时间不要超过五秒钟。我们只有十个词语，所以你只需用上一半的房子清单，但这会让你更清楚地看到你的记忆能力和速度有多么惊人。如果你和伙伴一起练习，让他（她）每隔五秒钟给你读一个词语。如果你是独自一人，最简单的方法是用直尺或者别的东西挡住词语列表，每隔五秒直尺下移一格。

开始练习之前，请合上书最后复习一次你的房子清单。确保牢记每个桩子，这样你就可以非常迅速地一扫而过。还要确保你的桩子顺序无误。合上书，开始吧。

好了，现在坐下来，放松，做个深呼吸。作为初学者，想象画面时闭上眼睛可以帮助你集中注意力。给每个词语想象出一幅生动的图像，再想象房屋清单上的桩子，然后把它们结合在一起。每个词语用时不超过五秒钟。再做一次深呼吸。现在拿起你的直尺，给每个词语跟房子清单关联吧，每个词语两两间隔五秒钟。

1. **一件男士西装**
2. **一瓶啤酒**
3. **唐老鸭**
4. **美元钞票**
5. **火鸡**
6. **一支铅笔**
7. **一头猪**
8. **一顶假发**
9. **热狗**
10. **一个婚礼蛋糕**

现在合上书，拿一张白纸，在左边写下 1 到 10，再凭记忆写出这十个词语。开始吧。

1.__________	6.__________
2.__________	7.__________
3.__________	8.__________
4.__________	9.__________
5.__________	10.__________

现在检查一下。你做得怎么样？我相信你会感到满意，因为你肯定记住了大部分甚至全部的词语。你肯定也注意到了，你回想房子清单的每个桩子时，它的图像立即出现在你眼前。

如果有一两个词语没记住，请问自己下面四个问题：

1. 你足够了解你房子清单上的桩子吗？

2. 你的想象画面是否足够生动？

3. 你的动作是否有力、清晰？

4. 你做这些的时候有压力吗？

也许你很紧张，告诉自己非成功不可，无形中给自己施加了莫大的压力，这会把你困在思考阶段停滞不前。如果你的问题在于动作不够有力、清晰，不必担心，在接下来的章节中，还会有更多关于动作的练习。

如果练习得好，你现在已经为自己创建了五十个桩子，也就是五十个储存信息的地方。把它们看作你的魔术记忆库存中的五十个文件夹，你就可以用这些文件夹来记忆各种有用的东西了。

请回想一下第五章跳蚤的故事和我们对自我设限的讨论，现在你挣脱这个牢笼，把它们甩得远远的了。你现在相信你拥有不可思议的最强大脑，拥有照相机一般的记忆力了吗？你能说它可以随时随地为你所用了吗？

如果答案是肯定的，你已经树立起了魔术记忆训练计划一个重要的里程碑。那么，接下来你就可以走进那个来了五十个陌生人的宴会厅，施展本领轻松记住每个人的名字了。

复习

记忆力为何罢工

“我的记忆力很差。”

“我从来记不住别人的名字。”

“我得把这个写下来，不然一会儿就忘记了。”

“我就知道我会忘记那个约会。”

从今天开始，多做积极的心理暗示，重置自我认知。

必做的脑力训练

练习1

在脑海中回顾你的房子清单，按顺序生动形象地描述每个桩子。

练习2

另外选择不同于本章的词语，把它们定桩到房子清单上。

练习3

完成这个练习前，每天大喊以下口号三次：

“我的记忆力很好。”

“记住东西对我毫不费力。”

“回忆东西对我易如反掌。”

重置你的无意识思维，这是建立信心的开始。

第九章　记人名（一）

现在让你的超级记忆力在实际生活中派上用场吧！通过本书前八章的练习，你已经给自己创建了一个魔术记忆库——五十个桩子，即五十个储存信息的记忆参考点。有一点很重要，如果你按章节顺序阅读，并一步一个脚印认真完成了所有练习，你现在可以充分信任自己的记忆力，相信它可以释放出巨大的能量。上一章，你每五秒在房子清单上定桩一个词语，你也见识到了自己的记忆速度。现在，你可以把记忆能力和记忆速度结合起来，在记忆人名中一展身手。

现在我要打破我说过的一个基本规则：从本章开始，你可以不必每次只读一章了。我希望你在现实生活中使用魔术记忆法时，可以随意查阅和参考这些章节。某些段落或者章节你可能想要多读几遍。你认为什么事情可以更好地训练记忆力，大可以放手去做。每个人对不同内容的接受度不同。我发现，开发魔术记忆力最好的方法是允许每个人遵循自己的步调，改变自会发生。所以后续章节里介绍的记忆方法，你可以随心练习，或是保有不同看法。方法存在的意义是为人所用。

请教尊姓大名

以下情况在你身上发生过多少次？你走进一个房间，遇到一个人，跟他握手，互报姓名，然而握手一结束，你就忘记了他叫什么。几分钟后，当你试图回想时，你不得不说："抱歉，再次请教尊姓大名。"我们每个人都有过这种尴尬的经历。

想一想，如果再也不用问这个令人难堪的问题，那该有多好。你走进宴会厅，见到四五十个人，几个小时后你离开时能喊出每个人的名字，跟他们一一道别，人们肯定会对你另眼相看。在我的研讨会上，很多学生走过来对我说："凯文，我见到五十、六十或七十五个人，可以记住他们每个人的名字。听到我说出他们的名字的时候，他们也都记住了我！"一个人最重要的标志就是他（她）的名字，你能记住他们的名字，他们一定也会对你印象深刻。无论什么语言，对每个人来说，听见别人喊自己的名字的声音是最动听的。以名字呼唤一个人，能引起他（她）的注意——更能赢得对方的尊重。而且你可以打赌，对方也会因此记住你，因为初次相遇便能对他（她）的名字过目不忘的人不多。

你认识某个人之后，就能记住他（她）的名字。例如，回想一下你上次参加新工作的时候，入职第一天，你被介绍给部门的所有员工，即使部门很小，比如只有四个人，你也会很快忘记他们的名字。但一周后，你通过多次重复，知道了每个人的名字；多听几次彼此的称呼，你就强化了记忆。由于只有四个人，需要处理的信息不多，因此你能非常容易地将每个人的名字记在脑子里。

然而，走进一个四五十人的宴会厅参加聚会时，你并没有那么多的时间来重复，留给你记忆的时间最多只有几个小时，通常还要少得多，而这正是你训练过的魔术记忆能力大显身手的时候了。接下来的三章，我们会学习如何把一个人的名字装进短期记忆，让它在那里停留足够长的时间，直至进入长期记忆，内化成为信息库里的信息。

我们之前已经讨论过，记忆任何东西都有三个基本步骤：

1. 一个存放信息的地方，称为桩子。

2. 将信息转化为图像。

3. 用“脑力胶”——动作，将图像固定到桩子上。

前面八章，我们用各种不同的方式练习了这三个基本步骤，现在我们记忆名字也会用到这几个步骤。在接下来的三章中，每章重点讨论其中一个步骤。学完第十二章并复习掌握以后，你就可以自若地走进会议室或者聚会大厅，记住超乎你想象的更多人的名字。一开始你可能无法马上记住五六十个名字——熟能生巧，任何事情都一样——但我保证你不会再让自己陷入“抱歉，再次请教尊姓大名”的尴尬境地。

创建视桩

我们反复说过，要记住任何事情，你首先需要一个存储信息的地方。在魔术记忆法中，这个地方就是桩子。在记忆名字时，我称之为“视桩”，因为它是一种你看到的东西，是你看到一个人第一眼注意到的事。它可以是这个人的衣着打扮：一条大红领带，一条鲜艳的花纹裙子，头发上的蝴蝶结；可以是这个人的脸部或身体特征（大手、黑眼睛），一件引人注目的珠宝；甚至可以是这个人的手势或身体语言——某人嗓门很大，兴奋地挥舞双手，或摆出一个特别的姿势。它可以是这个人给你的第一印象。

有时，我们可以非常迅速地选出一个“视桩”。我们在房间里扫视一圈，会立刻注意到某个人的一些突出特点。而其他时候，并没有能马上引起我们注意的特征，我们必须自己挑选一件能和这个人联系起来的东西。“她穿的红色上衣很好看，”我们可能会这样想，我们就把她称为红衬衣小姐。“看看那个打着难看的黄色圆点领带的家伙，”我们如此说另一个人，他就成了“黄领带先生”。然后可能有“马尾辫先生”“杏仁眼女士”“薄嘴唇先生”。学会注意这些东西，它们就是你的“视桩”。

关于如何选择“视桩”，我给一点小提示：一定要选择具体的事物，不要选抽象的东西。在以往的练习中，你已经知道，具体事物更容易形象化，同样的道理也适用于视桩。例如，如果你注意到有人浮夸自大，自以为是，炫财露富，认为我即真理，不要给他起名“讨人厌先生”或“傲慢先生”，最好叫他“大嘴巴先生”或者“钱包先生”。找一个简单、具体的视桩有助于你开展第二步，我们将在下一章讨论这个问题。

你不可能时时都能站在远处或者局外观察别人。有时你会被介绍给一个你从未谋面的人，在这种时候，对大多数人来说，要从对方身上挑选出“视桩”比较困难，因为你要跟他面对面交流，专注于双方的互动。我的建议是发自内心地去关心面前的人，把注意力集中在对方身上，用心倾听对方。你会发现，这样你反而能够得到放松，你开始能够注意到对方的头发、衣着和举止，“视桩”也就自然而然显现出来了。慢慢地，你会越来越熟练，能够很快注意到这些“视桩”。

顺便说一下，对某人真正产生兴趣，不仅有助于你的记忆，而且也对你的沟通技能和人际关系大有裨益。感受到你的关心，人们也会更加热情、真诚地回应你，你会因为你的真心得到奖赏。

只要你能看，创建“视桩”就非常简单。你专注于某事的时候，就是在参与记忆。如果已经记得某事，只要集中注意力，你就能让大脑中的神经递质发挥作用，这过程或许只花百分之一或千分之一秒，却可以强化记忆。

现在我想让你做一个选择视桩的练习。请看第 118 页上的图片，为图片上的四个人各选择一个视桩。还有一个提醒——“好、更好、最好”原则也适用于此。没有标准答案。什么对你来说最有效，那就是它了。关于这个人你注意到了什么，它就是你的视桩。重要的是，你要把注意力集中在一个地方。

现在看着这些图片，为每个人选择一个“视桩”。

再翻到第 120 页，看看我为每个人选择的“视桩”。

希望这个练习让你感到有趣。如你所见，它很简单。最重要的是，它迫使你认真观察别人。观察的时候，你就需要集中注意力，而不是蜻蜓点水地扫一眼，然后水过鸭背一样就忘记了。你在训练自己把你看见的全部记在脑子里。

视桩

你看到一个人第一眼注意到的事。

两种视桩

1. 永久视桩：关于个人特征，包括面部特征和身体特征，也包括手势等。

2. 暂时视桩：关于个人外貌的一些明显但短暂的东西，如衣着或珠宝。

通过挑选视桩，我们完成了记忆三步骤的第一个：我们找到了存放信息的地方。

必做的脑力训练

练习

试着为你今天遇到的五个人各挑选一个视桩。一天结束以后，坐下来，在脑子里生动地描述出这五个视桩。

相信你一定可以。

凯文所选的视桩

1. 波洛领带先生
2. 条纹上衣女士
3. 星星运动衫先生
4. 圆形纽扣女士

第十章　记人名（二）

上一章，你学习了如何创建视桩，这是记住名字的第一步。那么，记忆三步骤的第二步是什么呢？把信息转化成图像。这就是我们在这一章要练习的：把名字和姓氏转换成图像。比方说，你遇到一个叫比尔的人。我们用在第五章玩专注力游戏时的方法，把比尔转化成图像。在专注力游戏中，我们把词语分解成音节，然后为每个音节创造出音近的图像。把这些音节凑到一起，我们就能复原整个词语。如果是单音节词，就把它视为一个整体来创造谐音图像。

我们把音节转化成图像的规则，是注重词语的读音，而不是拼写方法。有时，这些音节让我们想起抽象的事物或概念，有时让我们想起具体的事物。虽然抽象的概念也可以转化，但我们知道，简单、具体的物体会更容易操作。

想象姓名也同理。创作图像的目的是创建词汇表——一个关于姓名的词汇表。就像学习新语言。你学会了一些词语，将来再听到这些词时，它们的含义就能立刻清晰地浮现在你的脑海里。记忆姓名也是如此。本章我们要创建词汇表。下一章，我们会学习如何用这些词汇记忆人名。

想象名字

我们来看几个将名字转化为图像的例子。记住，你现在要做的是建立词汇表，为下一步打基础。

当你听到一个名字，把名字拆解成音节，想一想这些音节的读音。比如，遇到一个叫比尔（Bill）的人，你可能会想到一张美元钞票（a dollar bill）或一个鸭嘴（a duck's bill）。无论是哪个，都能想象出一幅形象的图像。如果遇到一个叫迈克（Mike）的家伙呢？你可能会想到一个麦克风（a microphone）。约翰（John）呢？我会想到一个马桶（a toilet）！如果有人叫唐纳德（Donald），你可能会想到唐老鸭（Donald Duck），而不是把它分解成两个音节。记住，也可以把几个音节结合起来想象成图像。

比如苏（Sue）。如果看它的读音，你可能会想到一个苏族印第安人或在法庭上起诉某人，两者都非常抽象。记住，想象抽象概念的关键是尽可能选择一个简单明晰的画面。如果用"在法庭上起诉某人"的画面作为苏（Sue）这个名字的图像，你可以选择一张法官的图像，配上法槌和黑袍；或者想象一张法院传票或审判天平。画面必须生动、清晰，我再一次强调这一点。研讨会上的一些学员选择西装的图像，因为"西装（suit）"和"苏（Sue）"听起来很像。这当然也可以——两个词不需要完全同音，只要读音近似，能让你联想到另一个词就可以了。

再练几个长一点的名字。罗莎娜（Roseanne）听起来像“玫瑰（rose）”和“蚂蚁（ant）”，“玫瑰 - 蚂蚁（rose-ant）”，所以你可以创造出这两个东西的图像。至于罗伯特（Robert），我会选用“抢劫（rob）”和“伤害（hurt）”的读音，想象一个戴着面具的强盗和一根缠着创可贴的手指。听到“贝弗莉（Beverly）”，我会想到杠杆（lever）和叶子（leaves），“杠杆 - 叶子（lever-leaves）”。

有人在研讨会上提出质疑，每听到一个名字，都要创造不同的图像，会不会太费劲了？他们说：“我们不想每遇到一个人都要重复这项工作。”但这就是这套记忆系统的妙处。你创建了一张图像，就可以无限次反复使用。以迈克（Mike）为例，一旦你选定了麦克风（microphone）的图像代表“迈克（Mike）”，你以后遇到的每个迈克（Mike）都是麦克风（microphone）。我说过，你是在创建一个词汇表。就像学习一门新的语言，一开始你可能需要花点时间来理解词语的含义，一旦掌握，就可以应用自如。

要理解这一点，请回想一下第六章，我们把二十个词语定桩到了树清单上。比如，我说 7 的时候，你的脑海中会浮现什么形象？是骰子，对吗？ 10 呢？是保龄球。12 也不再是 12，而是鸡蛋。名字的图像词汇也是如此。在你的记忆中，这些名字的图像会替换掉名字本身。

现在我想让你做一个练习。下面列出了十个常见的名字。看一下每个名字，用几秒钟为它创造一个画面。确保你创造的画面恰如其分——判断方法是，越容易浮现的画面，越让人记忆深刻，也就越能反复循环使用。把你为每个名字选择的图像写在右侧空白处。是的，你没看错，我要你写下你的选择——一会儿你就明白为什么要这么做了。全部完成以后，翻到本章第 131 页，跟我的选择做一个比较。开始练习吧。

名字	你选择的图像
1. 瓦尔多（Waldo）	1.____________
2. 华莱士（Wallace）	2.____________
3. 多莉（Dolly）	3.____________
4. 黛比（Debbie）	4.____________
5. 尼科尔（Nicole）	5.____________
6. 简（Jan）	6.____________
7. 安（Ann）	7.____________
8. 吉姆（Jim）	8.____________
9. 乔（Joe）	9.____________
10. 马克（Mark）	10.____________

你的选择比起我的如何？我希望你能看明白我是如何选择出简单而明确的图像的。它们都是你可以很容易就想象出来

的物体。这里有一个重要的问题。我听到很多人用多莉·帕顿（Dolly Parton）的图像代表第三个名字。记住，不要使用名人的名字。人并不能成为一幅好图像。我还要提醒一句，把你想象指代的范围缩小一些。以8号吉姆（Jim）为例，想象一个篮球（basketball），就比想象一整个体育馆（gymnasium）要好。简单、指代明确的图像更容易记忆。

好了，现在再次回到上面的清单。为了加强名字和你刚创造的图像之间的联系，我想让你遮住你选择的图像，只看左边的名字，看看是否想得起这些图像。有些名字比较难，花点时间重复几次，对于你觉得难的名字，重复上四五次，就能记住了。建立这种图像词汇很重要。开始吧。

现在我要你反着来做。用手盖住左边的名字，只看你选择的图像，看能否记得图像代表的名字。如果很好地完成了前面的练习，这次也会不在话下，这些名字会一下子蹦进你的脑海中。回到名字列表，做练习吧。

好了，现在你已经给十个名字创建了初始图像词汇。再次提醒，给你看到或听到的每个名字创造图像，你的词汇量就会不断增加。慢慢地，你就会创造出许多名字的图像，记忆力也会越来越好。

想象姓氏

现在，我们要练习想象姓氏（这里主要以西方英文姓名来讲解）。想象姓氏通常比想象名字更难。首先，姓往往更长，也更陌生，把姓氏分解成音节，并给它们创造图像，需要做更多工作，为之建立一个可以反复使用的图像词汇也就更难。例如，你一生中会遇到多少个科瓦尔斯基（Kowalskis），又会遇到多少个马丁内利斯（Martinellis）？

你可能不想把你遇到的每个人的全名都记住，但也有可能一时兴起想要记。研讨会上确实有些学员同时学习记忆名和姓。他们擅长于此，也乐在其中。

不过，我还是要提醒你：奔跑之前，你得先学会走路。练习想象姓之前，先确保你想象的名已经过关了。有些人可以同时兼顾两者。然而，大多数人还是需要先花几天到一周左右的时间来练习名字，如此再来记忆姓氏才能游刃有余。因此，如果你需要先花些时间练习记忆名字，也不必对自己太苛刻，还有很多人同你一样。

把姓氏转化成图像的方法跟转化名字一样，先把听到的姓氏分解成几个音节，再根据每个音节的发音方式或它所代表的内容，将其转化成一幅图像。你可以合并音节，也可以选择与目标读音相近但不完全同音的词语。我们来看几个例子。

遇到一个姓约翰逊（Johnson）的人，我们将约翰逊（Johnson）拆分成几个音节，得到“约翰（John）”和“儿子（son）”。我用厕所（john）指代“约翰（John）”。第二个音节，“儿子（son）”，你可以想象天空中的太阳或儿子，一个人的男性后代。太阳（sun）要好一些，因为它更简单、更清楚，儿子（son）就显得有些指代模糊。这样，花上几秒钟，形象地想象出一个厕所，朗朗晴空上的一轮又大又亮的太阳，你就想象出了一个约翰逊（Johnson）。

再看看马斯科伊茨（Maskowitz）这个姓。“面具 - 叩头 - 伊茨（Mask -kow -itz）”。第一个音节是“面具（mask）”，我想象了一个万圣节面具。第二个音节是“叩头（kow）”，这让我想到一头奶牛（cow）。最后一个音节，“伊茨（witz）”，这就有点难了。我给它选了一个女巫（witch），或者一条鞭子（whip）也可以。所以你可以想象出一张面具、一头奶牛和一个女巫。“面具 - 奶牛 - 女巫”，“Maskowitz”。它们读音相近，效果很好。

同一个姓氏有时会有不同读法，例如“Maskowitz”，有人可能读的是“Mas-kow-itz”，那该怎么做呢？好吧，那就想象一下弥撒，对，就是那种天主教的仪式，再想象一头牛，再加上一个痒痒（itch），怎么样？“弥撒 - 奶牛 - 痒痒（Mas-cow-itch）”，“Maskowitz”，这个方法仍然很好用，不是吗？记住，读音才是最重要的，读音是把姓氏转化成图像的依据。

那萨伏龙（Saffron）这个姓氏呢？有人可能会想到藏红花

米饭（saffron rice），也有人可能会把它分成几个音节，“saf”和“ron”。他们可能会把第一个音节想象成一个保险箱（safe）。这听起来并不完全一样，但很接近。对于第二个音节，他们可能会选择一个奔跑的画面。“保险箱 - 奔跑（safe-run）”，“萨伏龙（Saffron）”。

科沃斯基（Kowalski）呢？有两个办法。拆成“Kow-wal-ski”，你就可以想象出一头牛（cow），一堵墙（wall）和一个滑雪板（ski）。“牛 - 墙 - 滑雪（cow-wall-ski）”，“科沃斯基（Kowalski）”。你还可以把前两个音节连在一起，“Kowal”听起来像“考拉（koala）”，“考拉 - 滑雪（Koala-ski）”，“科沃斯基（Kowalski）”，也很好。

再练一个，杰弗里斯（Jeffries）。第一个音节是“杰夫（Jeff）”，什么东西读起来像“杰夫（Jeff）”？“厨师（chef）”怎么样？想象一个厨师帽就可以了。

“fries”要怎么去想象呢？——读作“冷冻（freez）”？对的，就读“freez”。想象一下冰冻的画面，比如冰块，或者一个牙齿打战的人。有些人可能会想到“炸薯条（fries）”，这也很接近。这些图像组合起来读都能得到那个我们想要记住的姓氏。

下页的列表给出了十个姓氏，现在你要为每个姓氏选择读音相近的图像，就像前面的想象名练习一样。花几秒钟时间，把每个姓氏按音节分解，给每个音节创建图像，并在姓氏旁边写上你所想象的内容。开始吧。

名字	你选择的图像
1. 阿特沃特（Atwater）	1.______
2. 卡迈克尔（Carmichael）	2.______
3. 克劳福德（Crawford）	3.______
4. 加德纳（Gardner）	4.______
5. 霍金斯（Hawkins）	5.______
6. 杰瑞特（Jarrett）	6.______
7. 拉比诺维茨（Rabinowitz）	7.______
8. 舒斯特（Schuster）	8.______
9. 谢尔顿（Shelton）	9.______
10. 韦恩（Wayne）	10.______

现在翻到本章第 132 页，看看我的选择，然后再回来。

你的选择与我的相比如何？我们选几个复习一下。你对 2 号卡迈克尔（Carmichael）有疑问吗？“汽车 - 自行车（Car-bicycle）”听起来与卡迈克尔（Carmichael）很接近，不是吗？白手套可以吗？还记得吗？想象名字的时候，我告诉你不要用名人做素材。所以，对于迈克尔（Michael），你不能想象迈克尔・杰克逊。不过，有没有什么东西可以让你想起迈克尔・杰克逊？白手套。代表名人的物品倒是可以拿来一用。

9 号谢尔顿（Shelton）怎么想象？第一个音节（shel）可以用贝壳（seashell）来表示，第二个音节（ton）可以用一吨重（ton）的东西或锡（tin）来表示。用锡更好，因为它更加清楚明确

（而且可能更小）。“贝壳 - 锡（shell-tin）”，谢尔顿（Shelton）。

现在你来做一个练习，跟想象名一样，盖住所代表的图像，只看左边的姓，看看是否能想起选择的图像。每个姓重复几遍。开始吧。

现在反过来。盖住姓氏，只看你选择的图像，看看是否想得起该图像所代表的姓氏。开始吧。

现在你已经掌握了记忆过程中的第二步，即创造图像。我们给名字和姓氏创造了图像。想象“名”要容易些。如果你觉得想象“姓”有点难，那就先练习想象名。“名字”想象熟练以后，你想象任何东西都会得心应手。当然，你有你的步调，保持自己的节奏就好。

现在是时候将这些图像与上一章的视桩结合起来了。在学习第十一章之前，要先完成本章的课后练习。当你掌握了把姓名转化为图像的方法以后，把图像固定到视桩上就是小菜一碟了。

凯文记人名的图像

人名	代表的图像
1. 瓦尔多（Waldo）	一面粘满面团（dough）的墙（wall）
2. 华莱士（Wallace）	一面带花边（lace）的墙（wall）或一头海象（walrus）
3. 多莉（Dolly）	洋娃娃（doll）或机械车（dolly）
4. 黛比（Debbie）	一只死了的（dead）蜜蜂（bee）
5. 尼科尔（Nicole）	有个缺口（nick）的一块煤（coal）或镍币（nickel）
6. 简（Jan）	果酱（jam）
7. 安（Ann）	蚂蚁（ant）
8. 吉姆（Jim）	篮球（basketball）
9. 乔（Joe）	锄头（hoe）或咖啡（coffee）
10. 马克（Mark）	一支记号笔（marker）

凯文记人名的图像

人名	代表的图像
1. 阿特沃特（Atwater）	蚂蚁（ant）落水（water）
2. 卡迈克尔（Carmichael）	汽车（car）和自行车（bicycle） 或汽车（car）和白色亮片手套
3. 克劳福德（Crawford）	乌鸦（crow）开着一辆福特汽车（Ford）
4. 加德纳（Gardner）	园丁（gardener）
5. 霍金斯（Hawkins）	鹰（hawk）飞进了旅馆（inn）
6. 杰瑞特（Jarrett）	罐子（jar）和老鼠（rat） 或椅子（chair）和老鼠（rat）
7. 拉比诺维茨（Rabinowitz）	知更鸟（robin）和女巫（witch）
8. 舒斯特（Schuster）	鞋子（shoe）被人搅来搅去（stirring） 或鞋店（shoe store）
9. 谢尔顿（Shelton）	一个贝壳（shell）一吨重（ton） 或一个贝（shell）用锡（tin）做成
10. 韦恩（Wayne）	手杖（cane）

注意：本章所介绍的记忆人名和姓氏的方法，是根据西方英文姓名：名字＋姓氏。而中式姓名则是姓氏＋名字，一般是姓氏简单，名字有简单有复杂，读者在使用本方法时请根据实际情况加以修正。

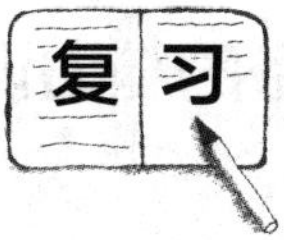

把名字想象成图像

把任何抽象事物转化成图像的方法都大体相同。

1. 将名字拆分音节，如果只有一个音节，就将整个名字看作一体。

2. 闭上眼睛，大声说几遍这个音节（或整个名字）。

3. 创造一幅与之读音相似的图像，或可代表其读音的东西。

想象名字的小技巧

1. 切勿使用名人，但可以使用可指代名人的物品。

例如：对于迈克尔（Michael）这个名字，很多人会想到想象迈克尔·杰克逊（Michael Jackson），这不行。但白色的亮片手套可以代表迈克尔·杰克逊（Michael Jackson），我们可以想象一只白色亮片手套。

例外的情况是，想象卡通人物是可以的。

2. 如果你的图像过于宏大，要简化它。

例如，你给吉姆（Jim）想象了一个很大的体育馆的画面，把它简化得小一些，可以想象成一个篮球。

必备的脑力训练

在接下来的二十一天里，每天从你认识的人中选五个名字，为每个名字创造一幅画面，要让这些图像跟该名字读音相近或能代表这个名字。

第十一章　记人名（三）

我给你讲个故事吧。有次我在纽约市拜访一个销售公司，处理美国记忆研究所的相关事务。跟我交谈的女士中断了谈话，转而和一个路过的年轻人谈一些其他业务。他们交谈了几句，这位女士转向我，再次为她中断谈话表示歉意，并把那个年轻人介绍给我，说："凯文，这位是汤姆·某某，我们来自亚特兰大的总经理。"

"嗨，汤姆。我是凯文·特鲁多。很高兴见到你！"我说。

"我也很高兴见到你。"那个年轻人说完，便离开了。

大约六个月后，我在纽约同一栋大楼的大厅里等电梯。电梯门打开，出来了二三十个人。我认出了那个年轻人，他似乎也认出了我。

"你是那个记忆力大师，"他走到我面前，微笑着说，"你好。"

"嘿，你是汤姆·某某。"我说，他的名字和姓氏都还记忆犹新。

他大吃一惊。"你竟然还记得我的名字！"他结结巴巴地说。

我笑了起来："我也觉得难以置信！"年轻人脸上的笑容越发灿烂，我们都很愉快，然后他热情地对我发出邀请，他说若我处理完其他事务后还有闲暇，欢迎到他的办公室继续交流。

我喜欢看人们听到我能喊出他们名字时的反应——他们脸上洋溢着灿烂的笑容。我敢笃定，就凭我肯花时间记住他们的名字这一点，他们的心扉就在那一瞬间对我敞开了。在个人层面上，这是一个增进感情的好办法，在商业场合也能给我们提供更多的机会。

读完这一章以后，你也能踏上魔术记忆之旅，收获这一才能，让它成为你的得力助手。这是记名字的第三个步骤，也是最后一个。我们要用动作——积极的动作——把第九章的视桩和我们在上一章创建的音近图像联系起来。我们已经做过很多定桩练习，这对你来说应该很容易。

通过将各种名字固定到视桩上，你锻炼了你的记忆力，将日后需要翻阅的信息分类存档，让它为记忆你每天遇到的各色人的名字做好准备。刚开始连贯使用记人名的三个步骤时，可能会觉得有点麻烦，就像驾驶手动挡汽车或学习外语一样。但随着时间流逝，慢慢地，你会越用越纯熟，它会变得越来越容易，最后你就可以一气呵成、不假思索完成整个流程。

这听起来像一个难以兑现的承诺，我要提醒你的是，第八章时，你将一个项目定桩到房子清单上只用了五秒。在那之前，你可能也不相信自己能做到。所以要对自己有信心，你已经见识过记忆力的速度和力量——请继续信任它。当然，我也会领着你一步一步地练习，一步一步探索记忆的极限。

记忆人名练习

练习时要确保你严格按照我的指引，来应用这些记忆技巧。下面你会看到一些照片。你要给每个人挑选一个视桩，把他（她）的名字转化成图像，再用夸张的、无意义的动作将图像和视桩结合在一起。记住，联结的方式必须是不合逻辑的。别忘了定桩时如果觉得无趣，就不容易记忆；要把自己放到场景中，听其声，闻其味，知其感；动作连续，多比少好。

下面一共有六张照片。我们会假装第一次见到这些人。看完每张照片后，我会慢慢引导你有条不紊地完成记忆三步骤，练习下来，你就能明白在现实中要如何应用这三个步骤。

照片 1

照片 1：请看第一张照片。让我们称他为“蝴蝶领结先生”。这个蝴蝶领结就是他的视桩，因为这是我看到照片第一眼注意到的东西。花几秒钟观察他的蝴蝶领结，注意它的大小、材料和样式。

假设这个人说他的名字是哈利（Harry）。把它大声说出来，就像你在跟他握手，一边喊他，“哈里（Harry）”。与此同时，我们要为“哈里（Harry）”创造一个发音相似的画面，怎么做呢？你可能已经有了想法。我想用头发（hair）的图像，我总是用头发（hair）来表示哈里（Harry）这个名字。在脑子里生动地描绘头发的颜色、浓密、触感。

现在到了第三步：将头发固定到蝴蝶领结上。记住要用积极的动作。也许你正用头发穿针引线缝一个蝴蝶领结，或者你把头发缠在蝴蝶领结上，速度越来越快，简直要飞起来。选一个清晰、简单的动作，把这两张图像联系起来，要生动、形象、具体。

在上面的练习中，我们的视桩是什么？蝴蝶领结。

照片 2

我们在它上面放了什么？头发，因为“头发（hair）”听起来像“哈利（Harry）”。

照片 2：看看这位女士，你会选什么作为视桩。她身上有好几件东西可用，但我打算用耳环。花几秒钟仔细观察这些耳环，把它们刻进你的记忆里。

这位女士告诉你她叫朱迪（Judy）。“朱迪（Judy）”，大声重复一遍。现在，该怎么给朱迪（Judy）想象一张好图像呢？把朱迪（Judy）拆分成两个音节有点困难，所以我决定不用近音图像。我用一件能代表朱迪（Judy）的东西：小红鞋。为什么是小红鞋？因为它们让我想起《绿野仙踪》中的朱迪·加兰（Judy Garland）。记得吗？上一章我跟你说过，你可以使用能让你想起某个人的东西，比如迈克尔·杰克逊的白手套。小红鞋总是能让我想起朱迪·加兰。

现在，你要在脑子里用强有力的、清晰的动作把小红鞋和耳环联系起来。可以是你看到小红鞋拴在一个女士的耳环上，它们在不停地打着转；你还可以向这位女士走去，一边说："我喜欢这对耳环。"你想把小红鞋从耳环上扯下来，女士痛苦地抽搐了一下，大叫："哎哟！"在脑子里给耳环和小红鞋创造一个场景，要刻画得栩栩如生，包括颜色、动作等。放飞你的想象力，把它们想象得比真实的更夸张更精彩。

照片 3

我们回顾一下照片 2，你的视桩是什么？耳环。你在视桩上放了什么？小红鞋。为什么？因为它们代表朱迪。

照片 3：我们来看看第三

张照片。我们叫他“条纹衬衫先生”。认真观察他，多花几秒钟在他的衬衫上，加固它在你的记忆中的印象。

这位先生名叫比尔（Bill）。有什么读音相似的图像？我们以前练习过了，就用一张美元钞票（a dollar bill）的图像吧。在脑子里把美元钞票和这件条纹衬衫联系起来。也许你正把美元钞票粘在这个人的衬衫上，而他拼命挣脱；也许巨大的美元钞票正一层一层地缠绕在这个人的衬衫上；也许有两张美钞像翅膀一样贴在这个人的衬衫上，他就要飞走了。

把钞票定桩到衬衫上时，动作要生动夸张。你把这些美元钞票描绘清楚了吗？大的还是小的？有很多张还是只有几张？不要忘记在场景中加入情感，以及其他感觉。可能这些纸币还很新，能闻到那种新造的味道，抖一抖还能听到清脆的声响。

回顾一下。你给照片 3 选择的视桩是什么？一件条纹衬衫。你把什么东西固定在了衬衫上？美钞（dollar bills），因为这个人叫比尔（Bill）。

现在回头看看第一张照片。视桩是什么？蝴蝶领结。我们在蝴蝶领结上放了什么？头发（hair）。这个人叫什么名字？哈利（Harry）。

照片 2 的视桩是什么？耳环。我们在耳环上放了什么？小红鞋。这位女士叫什么名字？朱迪（Judy）。

照片 3 的视桩是什么？条纹衬衫。我们在条纹衬衫上放了什么？美钞（dollar bills）。这个人叫什么名字？比尔（Bill）。

照片 4

照片 4：现在看第四张照片。我们称这个人为“眼镜小姐”。眼镜就是她的视桩。她的名字是玛丽（Mary）。

我们要怎么想象玛丽（Mary）？为“Ma-ry”这两个音节找近似读音的图像似乎有点困难，两个音节结合起来怎么样？有没有哪个词读起来像玛丽（Mary）？“结婚（marry）。”怎么给“结婚（marry）”想象一幅好图像？记住，越简单越好。一件婚纱或者一个婚礼蛋糕可以吗？有没有其他读音相近的词？有人想到了“旋转木马（merry-go-round）”，这也很好。还有人把它跟圣诞节联系起来，因为他们想到了圣母玛利亚（the Virgin Mary）。那要怎么想象圣诞节？想象一棵圣诞树或一个花环如何？我给玛丽（Mary）这个名字想象了一匹马。猜猜为什么？母马（mare）。“母马（mare）”听起来很像“玛丽（Mary）”，而且它还是玛丽（Mary）的一个常见的昵称。

看到了吗，创作图像的时候，你的想象力可以飞得很远。一开始可能有点难度，但你会越来越熟练，你就能想象出更多有趣的组合，也能从中获得许多乐趣。我想象了一匹“母马

（mare）”，但你可能想象的是别人没想过的东西。这很好，因为这就是魔术记忆的意义所在。

现在让我们把母马固定到视桩——眼镜上。我想象这副眼镜巨大无比，它整个是银色的，那匹母马正在吃这副眼镜。有个女人大喊：“哦，不！不！”但是母马越吃越快。在脑子里想象这个情景。或者这个女人一把摘下大眼镜，挥舞着它驱赶母马：“走开！离我远点！”或者更妙的是，把两个场景结合起来：这只母马正要吃掉眼镜，那个女人把眼镜抢回来，拿它狠狠地砸在母马头上。用你的想象力细细地描述这一切。

我们回顾一下。我们的视桩是什么？眼镜。我们想象了什么？一匹母马（mare），因为这位女士叫玛丽（Mary）。

照片 5：这是第五张照片。我们称这个人为“口袋丝帕先生”，因为他在胸前口袋放了一块醒目的丝绸手帕。你选的视桩可能跟我的不同。你可以选择任何东西——头发、眼睛、衬衫、耳朵，等等。

照片 5

这个人叫马克（Mark）。你如何把马克（Mark）转化成一幅图像？一支马克笔怎么样？一支巨大的、红色的马克笔。有些人会联想到报告单上的标记，还有人想到了立在地上区分边界的标记，比如一块界碑或一根柱子。现在，我们还是用神奇的马克笔吧。在脑子里，把那支巨大的红色马克笔固定到丝帕上。记住要用上可笑的、夸张的动作。怎么做呢？你用马克笔在那块美丽的丝绸手帕上画红色的宽条纹，那个男人在做什么呢？他不住地点头，说："哇！这看起来棒极了！真的很棒！"手帕越变越大，也越来越红，你们俩对着这杰作兴奋得手舞足蹈！

回顾一下。你给这个人选的视桩是什么？口袋丝帕。他叫什么名字？马克（Mark）。你为马克（Mark）想象了什么图像？一支马克笔，你用生动而可笑的方式把它定桩在了手帕上。

照片 6

照片 6：我们将照片 6 中的女士称为"围巾小姐"。同样的，我们也可以选择其他物品，但这里我们还是选围巾当作视桩吧。

这位女士叫珍妮特。"珍妮特（Janet）"。"Jan-et"，"Jan-net"。怎么给这两个音节创造一个读音相似的图像呢？用"果酱（jam）"代表"jan"怎么样？第二个音节呢？这个简单，用一张网（net）就可以，可以是一张挂得高高的排球网，也可以是一张挨近地面的网球网，可能还有人会想到捕蝶网，这些都很好。我们用网球网好了。在脑子里想象网球网上洒满果酱的情景，要形象生动，细节详尽，包括果酱是什么颜色，有多黏稠，网是绷紧的还是下垂的。

现在，把这幅景象固定到围巾——你为这位女士选的视桩上。也许你正在这张布满果酱的网上打球，但你打的不是网球，而是将她的围巾掷来掷去。她很担心围巾会粘在那黏糊糊的网上。但你不理睬她，继续击球过网，击球落地，围巾从各个角度飞过网格，从离果酱几厘米的地方惊险擦过。那个女人不停地大声叫喊，你却越发不管不顾地打球，想赢下每一分。这个场景动作丰富，情感强烈，也足够夸张荒谬。我想让你在脑海中创造一个类似的场景。

回顾一下。你给这位女士选的视桩是什么？一条围巾。你在围巾上固定了什么图像？“果酱（jam）”和一张“网（net）”，它们代表了这位女士的名字，珍妮特（Janet）。

现在再回到第一张照片。你的视桩是什么？蝴蝶领结。我们在上面固定了什么？头发（hair）。这个人叫什么名字？哈利（Harry）。

照片 2，你的视桩是什么？耳环。耳环上有什么？小红鞋。这位女士叫什么名字？朱迪（Judy）。

照片 3，你的视桩是什么？一件条纹衬衫。条纹衬衫上有什么？美元钞票（dollar bills）。这个人叫什么名字？比尔（Bill）。

照片4，你的视桩是什么？眼镜。眼镜上有什么？一匹母马（mare）。你要记的名字是什么？玛丽（Mary）。

照片5，你的视桩是什么？口袋丝帕。口袋丝帕上有什么？一支神奇的马克笔（marker）。那个人叫什么名字？马克（Mark）。

照片6，你的视桩是什么？围巾。我们把什么固定在了围巾上？一张粘满果酱（jam）的网（net）。我们要记的名字是什么？珍妮特（Janet）。

现在，这三个步骤结合在一起，又是如何帮你记住人名的？我们来看看，你以后再遇到这些人时会发生什么。我们用最后一张照片中的女士珍妮特（Janet）为例。

有一天，你再次遇到珍妮特（Janet），比方说在超市里，我们在前文提到过这个场景。我们都有过这种经历，我们知道见过这个人，但就是想不起她的名字。不过，当你拥有了训练有素的记忆力后，你就再也不必尴尬与对方面面相觑："抱歉，我忘了您的尊姓大名。"而是会快速经历如下的思维过程：

首先自问，"我的视桩是什么？"如果练习得当，视桩的图像，也就是那条围巾，肯定会立刻浮现于脑海中，尽管那位女士可能现在并没有戴着它。然后问自己："我对这条围巾做了什么？用了什么动作？"你会立刻想起你在粘满果酱的网上打网球——噢，打的不是网球，而是这位女士的围巾的画面。

“网 - 果酱（net-jam）。”“果酱 - 网（Jam-net）。”“珍妮特（Jan-et）”对！想起来了，就是珍妮特（Janet）！

我们再看照片3。你在聚会上遇到了这个穿条纹衬衫的男士，你和他聊了几分钟，然后去跟别人聊天了。三个小时后，你要去跟他说再见。你给他选的视桩是什么？一件条纹衬衫。你对条纹衬衫做了什么？你在衬衫上贴了美元钞票（dollar bills）。钞票（bills），比尔（Bill）！这个人叫比尔（Bill）。

记住，整个过程是在无意识中发生的，它极其强大，非常迅速。刚开始这个过程可能需要花些时间，而且你不一定能准确记得每一步，特别是行事匆忙之时。然而，跟你一直在练习的单个步骤一样，熟能生巧，慢慢地，整个思维过程就会自发进行。

熟练以后，你甚至不必刻意问自己这些问题。有时你看到一个人，几秒内他的名字就会蹦进你的脑海里。多加练习，这种情况会渐渐成为常态。你的记忆力会自动执行这个程序，提供你想找的名字，而不用等到三天后半夜醒来，才猛然想起那个人的名字。

我在研讨会上讲到这里时，人们总是提出很多质疑，我感觉大家都遭受着很多的阻力。“凯文，我怎么能学会在几个小时里认识五十个人，还能一一记住他们的名字呢？”“凯文，我们学的这些看起来怪怪的，也很复杂。我们的努力真的值得吗？”

回答第一个问题时，我告诉大家："怎么能记住五十个人的名字呢？就跟你小时候学吃大块牛排一样，一口一口地吃，细嚼慢咽，细细品尝每一口的味道。慢慢地，你就自然而然懂得了如何把每一步连起来，你不经意间就能记住所有这些名字，就像你现在能吃下那一大块牛排一样。这就是魔术记忆法最棒的地方——顺其自然，改变自会发生。"

至于第二个问题，我想引用金克拉的一句话，他是美国首屈一指的励志演讲者。他说，"我们不为成功付费，我们只是享受成功的好处"。是的，在学习如何使用记忆技巧时，需要花费一些时间和精力。但想想学会以后你能得到的好处吧，你一定会感谢自己今天付出的努力。人们会感激你肯费心记住他们的名字，反过来也会记住你。想想这在生意场上有多么重要。给人留下一个好印象，获得客户的好感，你跟一个工作或者一份合同订单之间的距离可能只差这小小的一步。商务洽谈时，我们往往忽略了这些细微的人际因素，它们却是商业交易、签订合同和开辟机会的重要契机。人际一小步，商机一大步。你记住了别人的名字，你就跨出了这微小而重要的一步。

记忆姓氏

每次研讨会，都有一些学员短短几天就掌握了这些技巧，如果你也是一名优等生，学有余力还想走得更远，下面这些练习，加入了记忆姓氏的训练内容，或许能满足你的学习需求。

同样，我建议你在开始这部分内容的学习之前，先确保对名字的记忆已经成竹在胸。你记忆名字熟练以后，自然会对记忆姓氏的挑战充满信心。二者的记忆流程并无二致，记忆姓氏只比记忆名字多了一步：仍然是先选择一个视桩，再把名字转化成谐音图像，只是在把所有东西关联起来之前，还要先为姓氏创建一幅谐音图像。

举个例子，我们回到用来练习记忆名字的照片，从第 137 页开始。第一张照片中的人名叫哈利（Harry）。我们选的视桩是他的蝴蝶领结，我们把头发（hair）固定在上面了。假设这个人的全名是 Harry Johnson（哈利·约翰逊）。我们如何将姓氏约翰逊（Johnson）转化成一幅图像？听到名字后大声重复一遍，有助于我们开展整个思维过程。“约翰 - 儿子（John-son）。”我们上一章已经描绘过了。我们用了一张厕所（john）的图像，和一张烈日当空的图像。那就想象在辽阔的田野上有一间厕所，日头明晃晃地照耀。最后在脑子里把这幅图像和你给名字想象的那幅图像，一起定桩到蝴蝶领结上。

我们再来看第二张照片。假设这位女士姓威尔邦德（Wilbond），她全名叫朱迪·威尔邦德（Judy Wilbond）。“Wil-bond”。我们如何把它变成一张图像呢？第一个音节“wil”有什么好的图像？一份遗嘱（will）？“bond”呢？让你想起了什么？它让我想起了水泥，黏合（bonding）水泥。还有什么能代表bond吗？一个戒指？或者股票债券（bond）？或者把东西系（bind）在一起。我可以想象把一份遗嘱（will）绑（bind）在椅子上。把这幅图像定桩到小红鞋上。

我们看看第三张照片，条纹衬衫先生。条纹衬衫上有什么？美钞（dollar bills）。他的名字是比尔（Bill），假设他姓科南特（Conant）。把科南特（Conant）拆分音节，可以得到“Co-nant”或“Con-ant”。第一个音节可以用什么图像来表示？这要看你怎么读，“诈骗（con）”还是“蛋卷筒（cone）”。我们读“蛋卷筒（cone）”吧。第二个音节我们可以想象一只蚂蚁（ant），一只黑色的大蚂蚁。现在把两幅图像组合起来，大黑蚁（ant）在舔一个美味的蛋卷筒（cone）？把这幅图像加上美钞（dollar bills），再定桩到这位先生的条纹衬衫上。

现在我们练习其他三张照片。我给出姓氏，你要把它们想象成生动的图像，并把图像固定在视桩上。

转到第四张照片。我们选的视桩是眼镜，画面是马在吞食一副银色的大眼镜。这位女士姓南丁格尔（Nightingale），大声说一遍，“南丁格尔（Nightingale）”。大声重复一遍，再把它分解成几个音节。“夜晚 - 在内 - 狂风（Night-in-gale）”。重复一下第一个音节，“夜（night），”你看到了什么画面？再看其他音节，大声重复几遍，把它们转化成图像。现在合上书，尽可能多用动作把南丁格尔（Nightingale）变成一幅图像。

看第五张照片，口袋丝帕先生。他的姓氏是山岸（Yamagishi）。大声说出来，“山岸（Yamagishi），”“Yam-a-gi-shi”。你要如何把第一个音节“甘薯（Yam）”变成一幅图像？现在再大声重复其他音节，“A-gi-shi”。重复读几遍，单独念，或连起来念都可以。你要怎么把它们变成图像呢？合上书，试试看吧。

我们再看最后一张照片，围巾小姐。假设她姓谢弗特（Shafeet）。“谢弗特（Shafeet）”，大声说出来，再把它拆分音节。“Sha-feet”或者“Shaf-fet”。分别看每个音节，看你能不能把它们分解成图像。合上书，试试吧。

你是怎么做的？你应该知道了，把姓氏转化成图像的方法跟转化名字的方法是一样的，将图像固定到视桩上的方法也一样，只是整个过程多了一步。你熟练掌握了将名字分解成音节，再将音节转化为图像的方法以后，剩下的就很容易了，而且你可以从中获得很多乐趣。

通过这些练习，让想象力飞驰，挑选视桩，创造图像，定桩，最重要的是，乐在其中——你可以练就记忆人名的高超技巧。不只记住一两个名字，也不是两三个，而是当你走进一个房间，见到四五十人，几个小时后再回来，还能一一叫出每个人的名字。我可以做到这样，而且我已经看到研讨会的许多学员在我们举办的鸡尾酒会上做到了。所以，尽管去做吧！千里之行，始于足下。相信我，下一次的鸡尾酒会或商务会议散场时，你会让很多人记得你。

复习

记忆名字三步骤

1. 挑选视桩。
2. 把姓名转化成图像。
3. 以荒谬可笑的方式，用动作把图像固定到视桩上。

必做的脑力训练

用本章介绍的三个基本步骤，练习记忆你今天遇到的人的名字。如果你跟伙伴一起练习，也可以让你的同伴虚构一个名字，向你介绍他/她自己。

第十二章　魔术记忆法的日常应用

研讨会的学员曾对我说：“凯文，我简直不敢相信我的记忆力竟然如此强大。我甚至没有特意去用你讲的记忆技巧，就轻松记住了许多事情！”这可以说是魔术记忆法的神奇之处。当你把魔术记忆练习日常化，把这种记忆技能真正应用到生活中以后，你的无意识就会自动接手，执行你训练它做的事情。正确的记忆会成为一种习惯、一种特质，就跟训练有素的运动员拥有强大的肺活量或持久的耐力一样。

我希望你能从学习过程中挖掘出乐趣，也希望你已经体会过用这些技巧让你的朋友、同事目瞪口呆的帅气时刻了。本章我们讲解魔术记忆法在现实中的应用。我们一如既往地慢慢来，一步一个脚印。我会跟你讲述这些技巧，并解释我为什么要这么做，然后让你也试着做。学习过程中，这些技巧会开始在你的无意识里发挥作用。你的大脑会把你的所见、所闻，以及你所经历的一切自动归档，准备以后的即时回忆。

记忆日程表

很多人，包括商务人士，都会用待办事项清单或袖珍日历记录每天的日程安排。在办公室或书桌上放一份书面清单或日历，可以方便地提醒你今天需要做什么，但问题是，这还不够。如果你想起一件事却一时不方便写下来怎么办？比如你刚好在开车、洗澡或者在开会，这些时候你往往会想到这样的事情："哦，我得去趟干洗店。""我得去超市买牛奶了。""今天可别再忘了把那封信寄出去！"

我需要说明一下，拥有了魔术记忆，你的记忆力也不会取代书面文字，而是会对文字记忆进行补充。这一点非常重要。它不是取代，而是补充。我一直在说，我不希望你用纸笔做笔记，因为依赖笔头会干扰你的记忆力，还会让你养成不肯动脑记忆的坏习惯。想起什么就写下来的举动会告诉你，你不需要记住它，你的纸笔已经帮你记好了。这就好比，如果老板替员工重做其分内的工作，员工就会认为自己不需要太努力把工作做好，因为有人代劳，他并没有多少责任。

我要说的是，要让你的记忆力承担起它真正的责任。训练它去记忆，然后你再把需要记的东西写下来加以巩固。但正如我反复说过的，勤加练习，方能摆脱对纸和笔的依赖。就像称职的老板与员工之间，员工会自觉想要成长，承担更多任务，老板只需偶尔提供一些指导与支持。你的记忆力成长起来以后，你对纸和笔的需求会越来越少。

我外出演讲或教学时，有人要我给他们寄去一些材料或录音带，我都会说："好的，把你的地址告诉我。"对方回答说："哦，天哪，我没带笔。"我会笑着说："没关系，我也没带笔，但我记得住。"我们都笑起来，虽然我看见他已经惊得目瞪口呆，"你真的能记得？"当然，我记得！

我要你给自己建一个今日待办清单。要把待办事项清单记在脑子里，你首先需要有什么？需要一个存放信息的地方——桩子。你要记的不止一件事，因此你需要多准备几个桩子。你可以从你的桩子清单中选用，我用的是身体清单上的桩子。一想到要做的事情，比如取快递、打电话、做任务等，我就把它转化成图像，再定桩到身体清单上。我把想到的第一件事固定到第一个桩子——我的脚趾上，把第二件事固定到第二个桩子——膝盖上，依此类推。一天里我只需要定期扫描这个清单，看看桩子上有什么，就像查看一份写在纸上的待办事项清单一样。

我在研讨会上讲授这个方法时，难免有人会说："但是，凯文，如果我忘记查看我的身体清单怎么办？"我对此唯一的回答是："如果你忘了查看书面的待办事项清单怎么办？如果你忘了查看邮箱呢？"这不是问题的关键。你总会知道有事要做，只是想不起具体要做什么事。你只需要养成扫描脑内待办清单的习惯，查看每个桩子，然后问自己："我的脚趾上有什么？膝盖上呢？大腿上呢？"用几秒钟就可以把整个清单查看一遍。

稍后请合上书，想一想你今天要做的五件事，可能只是极其寻常的日常琐事，比如去买些杂货，去干洗店送洗衣服，买一本书等。不要动笔写，开始吧。

现在，把你想做的第一件事，转化成一幅生动的图像。然后，在脑海中用动作把这幅图像固定在脚趾上。要用现实中不可能的夸张动作，包含快乐、悲伤或痛苦等各种情感，把你自己置身于画面中。

我们回顾一下你刚才做了什么。比如，如果你要做的第一件事是买牛奶，你可能在脚趾上放了十个牛奶盒。你裹着它们走路，却感觉比踩着空气还轻盈；也可能是一头庞大的奶牛在啃食你的脚趾；或者两个场景一起发生，而你自己渴得嗓子冒烟，一心只想要饮下一大杯冰牛奶。

现在，请合上书，其他四项任务也依样画葫芦，把每项任务想象成一幅图像，再定桩到你的身体清单上。把第二幅图像定桩到你的膝盖上，第三幅定桩到大腿肌肉上，第四幅定桩到背部，第五幅则固定在手上。画面要生动清晰，动作要简单有力。开始吧。

现在你已经安排好了今日的行程，只需扫描这个清单，你定桩在身体清单上的图像就会快速在脑海中一一闪现，提醒自己要完成的五项任务，以上"今日行程"的记忆法在现实生活中的具体应用也是如此。

请记住，不管何时何地，你不想费时费力动笔，都可以在几秒内，把想到的任何行程定桩到身体清单上——睡觉前，洗澡时，搭电梯时，洗衣服时，或者做饭、修剪花木、搞清洁卫生的时候。甚至有时我正在跟人通电话，脑子里突然冒出一些想法，我也会把它们定桩到身体清单上。定桩在身体清单上的日程表方便快捷，如影随形，永不离身，你可以随时翻看，也可以在大脑里随时组织处理你的行程安排。

钥匙放哪儿了

你有多少次问过自己：“我的钥匙呢？”你下班回到家，搁下钥匙，随手抓起一块三明治，因为你很快又要出门。二十分钟后，你却在翻箱倒柜找钥匙，不知道自己把它扔在哪儿了。或者你睡过了头，上班就要迟到了，所以你火急火燎洗漱穿衣，正想夺门而出，却发现找不到钥匙了，你急急地搜你昨天穿的衣服、钱包、外套，一无所获，内心哀号不已。你想不想一招解决这个难题，永绝后患？

你记不起你把钥匙放在哪儿，是因为你搁下它的时候，根本没有注意到它。你的手在做事，记忆力却不在这一处，它们断开了联结。你搁下了钥匙，但意识里想的是即将到来的约会，或者晚餐要吃什么，或是老板太可怕了。把钥匙放在某个地方的动作与记忆没有任何联系，动作完成了，却没有流经记忆，因而在记忆里毫无踪迹。经常找不到的不仅有钥匙，还有很多其他小物件：眼镜、雨伞、喜欢的笔、梳子、刷子。我以前就经常找不着我的墨镜。

要杜绝这种情况，我们要做的就是养成习惯，在搁下钥匙时集中注意力，并加入动作。比方说，你下班回到家，把钥匙扔在茶几上。为了练习这个技巧，想象一下茶几上的钥匙被炸飞了。这样就够了。这里你运用了记忆的三个基本步骤：你已经有茶几的图像，这就是你的桩子；你还有钥匙的图像，这是你想记住的信息；最后你用动作把这两个图像结合在了一起。炸毁茶几的动作虽然简单，却很有力，但你也可以选择其他的动作，比如把钥匙钉在桌子上，或者想象你扔下去的时候钥匙突然变身，越变越大。

结果会怎样？过了三十分钟甚至一天过去，你一问自己："我的钥匙在哪儿？"你的脑子里就会浮现茶几被炸毁的画面，似乎在告诉你："你用钥匙炸毁了茶几，笨蛋。"然后你就想起来了，钥匙在茶几上。想象炸毁茶几的动作本身——即使时间只持续百分之一秒甚至更短——也能勾起你的记忆。你需要做的只是集中注意力，将手上的动作与你的记忆建立起联系，这样你就锁定了一段信息，供日后取用。

你很可能会问："凯文，如果我今天把钥匙放在茶几上，明天把它搁在了微波炉上，后天放在电视机上，怎么办？记忆不会混乱吗？如果把它们都炸掉，会怎样？”我们先说最坏的情况。你的钥匙总归是在这三个地方的，茶几，微波炉，电视机，只搜寻三个地方总比将整个房子翻过来找要好，不是吗？

但是，如果你已经养成习惯，技巧运用纯熟，更可能的情况应该是这样：第一天你问自己钥匙在哪儿时，你的脑海中会闪现茶几被炸毁的画面；第二天你问同样的问题时，脑海中会闪现微波炉爆炸的画面；第三天闪现的是电视机被炸毁的画面。如果你坚持练习使用这种技巧，你的记忆会给你呈现最近的画面。

我要重申本章开头提过的一个非常重要的观点。刚开始时，你需要有意识地运用这个技巧，也就是说，你要让自己想象茶几炸毁的画面，或者想象把一副你总是放错位置的眼镜钉在桌子上。很快，只需要几个星期，你就能在无意识的层面应用这些技巧，搁下钥匙或眼镜时，不再需要想象炸毁的画面或者其他动作，你的无意识会自觉调动记忆程序，因为你的记忆力已经训练有素，能在手上动作时自动参与进来。

有一天，你听到自己说这样的话：“我把那份合同放哪儿了？噢，对，它在椅子上。”不要感到惊讶。你还会想：我并没有费脑筋把它放在椅子上，我想是因为我记忆力很好。你在无意识中就应用了这种记忆技巧，不费吹灰之力就能回忆起来。

记忆地址

记忆地址会用到我们学过的桩子和记忆链。要记住一个地址，比如洛杉矶威尔希尔大道 15 号（15 Wilshire Boulevard, Los Angeles），需要将其分解为三个部分：门牌号、街道名和城市名。

门牌号

以上述地址为例。为了记住门牌号，你首先要选择一个桩子清单，将门牌信息固定在上面。你有三个清单可供选择：身体清单、树清单和房子清单。比如你选择了身体清单，你的第一个桩子就是脚趾。想象出脚趾的图像。

现在到树清单中选择合适的词语，给你的门牌号创建一幅图像。在这个例子中，门牌号是 15，对应的词是“工资”。在脑子里用动作将脚趾和工资两幅图像结合起来。一张大工资单从天而降，割伤了你的脚趾，怎么样？从现在起，你可以把任何门牌信息定桩在脚趾上。下次你问自己是几号房子时，脑海中就会闪现一幅工资单割破脚趾的画面，你也能读懂这幅画：“脚趾”代表门牌，“工资”是 15 号。

几点提示：如果是 0 号，也不要担心，比如，你可以想象一个甜甜圈代表 0。如果门牌大于 20 号，就把数字切分成小块，分别给每块想象一幅图像，再把它们固定到桩子或者记忆链上。

（在第二部分，进阶魔术记忆，我会教授如何轻松地记住更长的数字。）

街道名

将街道名拆分成几个音节。例子里的地址可以分解成“wil-shire-boul-e-vard”。然后为每个音节创造一幅发音相近或可指代其含义的图像，把这些图像固定在桩子清单或记忆链上。对于“wil-shire ”这两个音节，用一幅遗嘱（will）被人用剪刀（scissors）或大剪子（shears）剪成两半的图像来表示如何？“遗嘱 - 剪子（Will-shears）。”“boul-e-vard ”呢？一头公牛（bull）驮着一件艺术品（a work of art）如何？“遗嘱 - 剪子 - 公牛 - 艺术品（Will-shears-bull-art）？”“威尔希尔大道（Wilshire Boulevard）。”

城市名

记忆城市名的第一步跟记忆街道名一样，将城市名分解成几个音节，再为每个音节创作图像。洛杉矶可以读成“丢失的角（lost-angles）”或“迷途的天使（lost-angels）”。现在你可以将城市名固定到一个新的桩子上，就像门牌号和街道名的图像都各自有不同的桩子一样；或者你也可以将城市的图像和街道的桩子连成记忆链。

例如，你可以这样想象：一份遗嘱被大剪子剪成两半，一头驮着艺术品的公牛在它后面紧追不舍，一群迷途的天使在后面追赶着。为了把数字涵盖进去，你的记忆链可以从工资单切开你的脚趾开始，再把余下部分接上来。

你练习过不同的清单和技巧以后，慢慢地，你就能找到不同情境下最适合你的方法。我觉得记忆地址不仅实用，而且趣味盎然。所以下次有人问你要纸笔记下地址的时候，深吸一口气，告诉他：“不，我没有笔，但我能记住。”然后露一手给他瞧瞧！

记忆开车方向

你有过多少次这样的经历：和朋友开车到半途迷了路，你的司机朋友让你摇下车窗问路。路人非常热心，将方向指得非常明确具体。她说：“你沿着这条路走大约一千米，会有一个小山坡，在那条街左转，再右转，继续走大约一千米，在岔路口右转。”你边听边点头：“嗯嗯，好的。上山，然后左转。嗯嗯，好的。然后右边还是左边？右边。嗯嗯，过了岔路口又是右转。”听完以后，你把车窗摇起来，转向司机：“好的，你明白了吗？”你的朋友摇头：“你才是导航员。”“但你是司机！”

你们两个，幸运的话，可能会记得一小部分：沿着路走一段，然后上小山坡，左转。如果手边刚好有支铅笔和一个笔记本，你可以把这个路人说的话尽量详细地记下来，然后你们启动车子上路了，走了一段却突然发现你写在笔记本上的东西没用了，又得停车问路了。

使用魔术记忆技巧可以为你省去很多麻烦。记忆方向路线的方法也是万变不离其宗：图像和动作。

记忆方向第一准则：一定要先找出地标。为什么？因为地标就是这场游戏里的桩子。如果对方说，“你沿着这条路走……我想是到了第三个红绿灯，然后在第三个红绿灯后的第二条街向右转”，记得要追问：“那右边有什么吗？”地标可以是人造的，如加油站或建筑物；也可以是天然的，如池塘或小溪。通常情况下，人造的地标更为显眼。这样，你感到困惑的时候，仍然可以搜索那个地标来寻找方向。例如，如果给你指路的人告诉你在第三个红绿灯处有个埃克森石油公司的加油站，你就可以利用这一信息来确定方向。

还有一件事。很多时候你会忘记别人告诉你到了某个地方是向右走还是向左走，为了强化这些信息，你需要给左右各创建一个图像。从现在起，读完这本书以后，就用老鼠（rats）代表右边，用叶子（leaves）代表左边。（这也是一种助记手段。我说过，有些时候它们非常好用！）如果别人告诉你要向右走，就在脑子里创造一只（堆）老鼠的图像；向左走，就想象树叶。

在上面的例子中，假设对方告诉你在埃克森石油公司的那个加油站向右转，在脑子里创造一座埃克森加油站，还有一群——你肯定猜到了——偷油的老鼠，一群肥硕的、衰老的、灰色皮毛的、七手八脚偷油的老鼠。在你的脑海中想象这幅画面。

现在，且看你久经训练的记忆力会怎样做吧。你继续淡定地往前开，即使忘记了细节，也不必担心。看到埃克森石油公司的加油站时，那些老鼠偷油的画面就会跳进你的脑海中，你就会想起应该右转。

如果对方指的是另一条路线，那个人告诉你："沿着路走，经过两个十字路口，在第二个十字路口左转。"你要问一问地标。"十字路口有什么？""有一家银行。"问得更清楚些："银行是什么样子的？""是一幢白色大楼。"

然后，想象出那幢白色的银行大楼的图像，既然他说了是向左转，你要把什么东西定桩到银行上？叶子。还要加上动作。也许这些树叶在熊熊燃烧，也许它们巨大无比，色彩鲜艳。

这样你就给你的无意识提供了足够的信息，让它知道你要到哪里去。当你开车经过一家白色的银行时，就会记得要左转，因为那座覆盖着树叶的白色大楼的图像会涌进你的脑海里。

有时你开车经过一个以前去过的地方，而又不太记得下一步要怎么走，这种"非预谋"的情形下，你的记忆力也威力不减。如果你和朋友在一起，朋友问你要怎么走，你可能会说不知道，但是，"到了那里，我就知道了"。在某种程度上，你知道你是知道的——你知道你的无意识记得路，你只是希望能在紧要关头唤醒它。有了魔术记忆力，你就不必寄希望于机会垂青，你训练有素的大脑会让这些信息在你需要的时候立刻出现。

我再次强调，第一次阅读这本书时，你可能会觉得要做很多事——选桩子，创造图像，想动作——只为了记住一个简单的信息，比如是左转还是右转。但是，要始终牢记，随着时间的推移，你会把这些技巧内化于心，任何时候都能轻松地使用。你越是常加训练，就越能迅捷地完成这些步骤，并开发出各种不同的组合运用方法。它会随时待命，一旦你有需要，就为你高效地应对各种情况。

创建自己的应用模式

现在我们来看看这些记忆技巧在其他情形中的应用吧。请指出你是如何运用这些方法的。无论情形如何变化，记住：万变不离其宗：

1. 准备一个存储信息的地方，即桩子。

2. 把信息转化成形象的图像。

3. 用“脑力胶”——动作，把图像附着于桩子上。

情境 1

假设你是一个房地产经纪人，正在看房的路上。你要确保记得每座房子的具体情况。当然，你也可以写下来，但你不想依赖纸和笔。这么多房子，这么多客户，你得确保给客户做介绍时，每座房子的信息都能准确浮现在你的脑海里。

假设你看了三座房子。第一座房子浴室很大，还有个游泳池，主卧有个露台。第二座房子有好看的木镶板，有可停放两辆汽车的车库。第三座房子比较小，但位于山顶，视野很好。

回想以上“三个步骤”流程，你可以用它们来记住每座房子的信息。现在合上书，开始吧。

让我告诉你，我会如何记住第一座房子的突出特点。第一步是选择一个存放信息的桩子，可以从三个桩子清单，即“树清单”“身体清单”和“房子清单”中选择，然后我创建出浴室、泳池和主卧的图像，并把它们定桩在其中一个列表上。

还有一种方法可以创建桩子。比方说，我注意到第一栋房子前面的草坪上有一棵大橡树，我可以用它做桩子，这种联想记忆方法我们在本书开头就学过，当时我们还讨论了用 HOMES 这个词记住五大湖的案例。

你需要记的东西，与你已经记得的信息合乎逻辑地联系起来时，联想记忆法就相当好用了——把已知和未知关联。

既然已经把橡树和第一座房子关联起来了，我们就采用方案二来记忆吧。把那棵橡树当作桩子，再给房子的三个突出特征创建图像，并把它们定桩到橡树上。第一个图像是一个厕所马桶；第二个图像应该有水，代表游泳池；第三个图像可能是一个枕头，代表主卧室。然后，用夸张的、无意义的动作，将这些图像定桩到橡树上。

再次强调，熟练掌握这些技巧以后，你就像身临其境地穿行在房子里，看到房子的各个特征。这便是魔术记忆如此实用的原因。你以后就不再需要浪费宝贵的时间，用笔写下所有信息，还要在脑子里反复回想才能记住。你在看到、听到或切身经历的时候，这些信息就即时锁定在记忆里了。其他两座房子也可用同样的方法来记忆，试试吧。

情境 2

我们来练习另一个场景。假设你是做汽车买卖生意的，你想更好地记住你的汽车和它们的不同特点。从第一辆车开始，这是一辆你认为很划算的二手车型，这辆车行驶了 13000 千米，装有空调。你要怎么记住这两点信息？合上书本，现在做练习。

我们记忆的第一条规则是什么？我们需要一个存放信息的地方——桩子。你有没有观察到这辆车有什么突出的地方？假设它装的是合金轮毂，这就是我的桩子。（桩子也可以选取其他的特征，比如：车身凹痕，颜色光泽，车灯缺失。）现在我们要给这辆车的两个信息创建图像。这辆车已行驶 13000 千米，所以我会创造一幅女巫的图像，因为在树清单中，女巫代表 13。我还会让女巫牙齿紧咬冷得打战，这样记住车上有空调的信息。第三步怎么做呢？我会用上大量的动作，把女巫定桩到合金轮毂上。也许她正攀在车轮上跟着轮子一圈圈打转，也许她在拼命扭转车轮，想让身体暖和起来。

下一次我跟客户谈起对汽车的需求时，会怎样？如果她想要一辆二手车，我就会翻开脑子里二手车的文件夹。其中就有这辆车。我创建的图像会浮现在我的脑海中，女巫让我想起了13，她冻得牙齿打战，我就能想起这辆车行驶了13000千米，车内有空调。不需要翻找资料，我立刻就能向客户介绍这些信息，看她是否有兴趣。记得一辆二手车行驶里程有13000千米，装有空调这两个信息，可能没有什么了不起的，如果是二十辆、五十辆、一百辆汽车呢，你能逐一记住它们的不同特点，你就知道魔术记忆法多么有用了。

情境 3

我们再看一个案例。假设你要做一个演讲，已经做好了大纲，包括十个要点，你怎样把这些要点记在脑子里，脱稿进行演讲？合上书，想想要怎么做。

我的做法是：

首先要找一个存放信息的桩子，我可能会从树清单、房子清单或身体清单中选择，因为我所有的演讲要点都是新的信息。如果想用联想记忆法，必须对演讲内容相当熟悉，才能从中选一些要点作为已知的桩子。

接着，需要将大纲中的十个要点逐一转化为图像。假设我们这次演讲的主题是“如何从房地产市场赚到钱”，而大纲中的第一点是“如何成为一个精明的投资者”。记忆要抓关键词，即精明（astute），给它创造一个图像。“As-tute”“Asstoot”。你可以想象一头蠢驴（jackass）在嘟嘟嘟地吹着（toot）喇叭，把这幅图像固定到第一个桩子上。

第二个要点可能是选择投资的房地产类别，这个要点的关键词是什么？投资类别，选择类别。我们玩专注力游戏的时候已经练习过把“类别”转化成一幅图像，我们创造了一只猫和一个科学怪人，把这幅图像固定在你选择的第二个桩子上。用同样的方法记忆大纲的其他要点。

演讲时，在脑海中看向第一个桩子，你看到了什么？一头蠢驴（jackass）在吹（toot）喇叭，所以你说：“伙计们，我想先来谈谈如何成为一个精明的投资者。”说完第一点以后，你看向第二个桩子，看到一只猫和一个科学怪人，“接下来我想谈谈类别，投资类别……”如此这般，直到顺利完成演讲。可能需要你花上一段时间训练你的记忆力，方能如此泰然自若、成竹在胸地侃侃而谈，但相信我，这一天一定会到来。无论身处何处，所做何事，都要时时练习记忆的三个步骤：

1. 一个储存信息的地方，即桩子。

2. 将信息转化为图像。

3. 用“脑力胶”——动作，把图像牢牢地附着于桩子上。

记忆日程表

1. 选择一个桩子清单（树清单、身体清单、房子清单）。

2. 为你想做的或想记住的每件事创建一幅图像。

3. 把每幅图像固定到你选择的桩子上。

钥匙去哪儿了

1. 养成习惯，放下钥匙时留意其放置的位置。

2. 在脑海中，加入行动进行想象。

记忆地址

门牌号

1. 选择一个已知的桩子清单（树清单、身体清单、房子清单）。

2. 给门牌号选择一个图像。

3. 将图像固定到你选择的桩子上。

4. 在脑海中创造一幅画面将两者联系起来。

5. 如果门牌中含有一个零，就想象一个甜甜圈作为它的图像。

6. 如果数字较长，将其切分成若干部分，各部分记忆规则同上。

街道名

1. 将街道名称拆分成几个音节。

2. 为每个音节创造读音相近或可指代的图像（必要时可合并音节）。

3. 将图像按顺序固定到桩子清单上，或者把它们连成记忆链，定桩到一个桩子清单上。

城市名

1. 与记忆街道名的前两步相同。

2. 将图像固定在一个新的桩子上，或者将它们与街道名连成记忆链。

记忆方向

1. 确定一个地标。

2. 将街道名称转化成图像——方法同记忆地址。

3. 用图像指路，如下所示：

表示左右：

右边（right）——想象成老鼠（rats）；

左边（left）——想象成树叶（leaves）。

表示其他方向：

北（North）——北极（North Pole）

南（South）——母猪（sow）

东（East）——筷子（chopsticks）

西（West）——牛仔帽（cowboy hat）

必备的脑力训练

练习1

假设下列活动是今天的待办事项，选一个桩子清单，把它们固定在桩子清单上。

1. 去邮局寄包裹。
2. 买个垃圾桶。
3. 将有质量问题的灭蚤项圈退货。
4. 买灯泡。
5. 去超市买炼乳。
6. 买些花送给另一半。
7. 花十五分钟阅读一本讲积极思考的书。
8. 去洗车。
9. 做三十分钟的有氧运动。
10. 给鞋子擦鞋油。

练习2

运用本章介绍的步骤，记忆电话簿上的任意五个地址。

练习3

每周至少练习记忆十五组方向，比如你每日经过的街道。

第十三章　阅读

我们现在把魔术记忆法应用到阅读理解上。你读过的东西都还记得吗？你是否有过这种情况？你正在看书，看着看着，你突然不知道自己读了些什么，甚至不知道读到哪儿了，你的思路完全断片了。

发生这种情况的原因是，尽管你的眼睛看见了每一个字，心思却早飘到了九霄云外。这就类似于你把钥匙扔在了某个地方，你的脑子却完全没有注意到手做了什么。在这种时候，你的脑子也没有注意书上的字。你的思想在游荡，你在想别的事情，无暇去想书上讲了什么。

你思绪漂移的原因有很多，比如书的内容过于艰涩难懂，有时仅仅是因为书写得不好，读来无趣。有些书列了大量数据做说明，往往让人感到不知所措，无法理解。生理上的原因也可能导致难以集中注意力，比如你困倦不已的时候，感到沮丧不安的时候，或者发愁考试压力山大的时候，就越发读不进去。不管什么情况，我们的目标都是读有所获。

阅读与记忆

为了帮助人们阅读时更专注，我开发了一项魔术记忆技术，操作简单，但如果运用得当，效果会相当惊人。这项技术的要点是：阅读时，要把自己当作讲述者，把书里的内容传授给别人。

重申一遍，在阅读时，在脑子里想象是你自己在对别人讲述书里的内容。为什么？正如前面多次说过的，我们最喜欢的是自己，我们总是更关注自己说的话，而不是他人的表达。想象我们自己在讲述书里的内容的时候，我们就会把讲述的过程和内容变成自己的，因为我们置身其中，情感发挥了作用。作为连接下意识的桥梁，情感拨动了更深层次的思考过程的转轮，我们的记忆开始参与进来，我们开始专注于所读的内容。

这种技巧之所以能奏效，还有一个原因。

你的下意识思维一心只能一用，也就是说，它不能一心二用。在阅读时想象自己在讲述，就能迫使意识专注于书本内容，也就无心神游天外或做白日梦了。你调动了你的记忆力，并将信息锁进记忆里。这个简单的方法也能帮助你回忆起比正常阅读多得多的数据，因为调动记忆的过程也会大幅度提高记忆力。

我希望你现在就练习一下这个技巧。想象一下，你在说："我希望你现在就练习这个技巧。"随意挑选一个（些）人作为你的观众，在脑子里想象你的姿势，或坐或站，随你喜欢，观众面对着你。你告诉他（们），“我希望你现在就练习这个技巧”。试试吧。

感觉如何？很多人跟我说一开始有些难，因为他们的大脑必须专注于他们所说的事情，这正是重点。集中注意力意味着调动记忆。跟魔术记忆法的其他技巧一样，刚开始时你会读得慢一些，但习惯之后，你对所读的内容将会理解得更为透彻深入。

运用这个技巧还有一个小波折。如果你不明白你读的东西怎么办？在阅读的时候，你遇到了不认识的词语或很难理解的概念，你通常会怎么做呢？回头多读几遍？或者查字典？

阅读中遇到不懂的地方，要在脑子里转换角色，不仅把自己当作老师，也要把自己看作一个谦虚好学的学生。作为学生，问自己一个问题：你说这句话是什么意思？那个词是什么意思？你能再解释一下吗？

明白了吗？如果你读了一些不完全理解的东西，你的思想就会游离，记忆力也不能发挥作用。如果继续往下读，你将无法集中注意力，因为在某种程度上，你还停留在没有理解的东西上。就好像你在对自己说：“现在，等一下。那是什么？我没明白，我不明白。停下来！”一边想要弄清先前的单词或句子的意思，一边还要跟上当前阅读的内容，压力太大了。记住，一心不能二用。

我们要好好利用这一点。例如，当你遇到一个不理解的词时，就停下来。在脑子里问自己一个问题："这个词的意思是什么？"如果答不上来，就在脑子里说，"我们去查字典，找出答案。"然后你去查字典，并向你想象中的学生解释这个词，这样做能使你集中注意力参与其中。这件额外的小事，能使你理解正在阅读或学习的内容。

你把自己想象成学生时，也可以要求自己将看到的内容重述一遍。例如，你在阅读时遇到一个不理解的句子，问问自己："你能不能重新表述一下？""你到底在说什么？"你会惊讶地发现，你这样做了之后，一分钟前还无法理解的句子突然就明朗清晰起来。这同样是利用了无意识的力量。通过想象自己这样提问，你调动了更深层次的思考。

在脑子里重述是一个将内容锁定在记忆里的强有力工具。用你的话把内容讲述出来，会引领你的无意识进入观察 / 搜索阶段，所有的数据都会跳出来，并给出一个你能理解的解释。无论是准备考试、会议，或者其他情形，重述内容能让你重塑内容（了解它），并无限提高记忆能力。

准备考试

假设你正在用上述介绍的方法复习并准备考试，也就是说，你在脑子里跟想象出来的学生讲解你阅读的内容。你也在问自己这些问题，比如，"你能不能换个说法？""我不明白这个词。"

然后你会去查资料，你做得很好。现在我要告诉你，读到一段你认为极有可能会考到的章节或数据时，你还可以这样做：

在脑子里对想象中的学生说，“顺便说，一定要记住这个，因为它很有可能会考到”。上演完脑内小剧场后，再将你刚刚读到的内容浓缩成一个流行词或者短语，用笔写下来。把这个笔记带到考场上，会唤起你的记忆，这些信息会在必要时重现。你可以记下文段摘要、某个关键词、某个显要事实或重要信息，总之是任何能唤起你对所读内容的记忆的东西。记下笔记后，就可以继续往下阅读了。

你现在可能是手脑并用地记忆了。本书先前跟你说过不要动笔，现在我似乎要改口了。但正如我在第十二章说过的，我不想让你用纸上笔记做借口推脱大脑记忆的责任。这次的做法极其不同，你是在通过记笔记，把要记住的东西做成一个参考清单，你以后会回到这个清单上，用魔术记忆法来巩固你对这些信息的记忆。

完成清单以后，回顾一遍，确保内容极尽精简浓缩。你只需简单地写下一些点子、词语和概念。一个词或一个小短语就涵盖了大量所需的信息。

现在，你要做的就是运用我们的记忆技巧，把这份清单记在脑子里。用前面的课程教过的记忆技巧，把这些单词和短语转化成图像。将单词按音节分解，并将音节转化成读音相近的图像。一次一个音节，慢慢来。一页的清单可能需要花上十五分钟或半小时，但只要想一想能把这份清单装在脑子里去参加考试，你答起题来会如何得心应手，这点儿时间就很值得。将这些生动的图像串连成一条记忆链，或者一个滑稽可笑的精彩故事，就像我们在自由女神像的故事里做的那样，这时你脑子里可能装了三十张、四十张，甚至一百张图片。把这个故事复习两到三遍，你就能把所有的信息都记在脑子里。

这种技巧能有效地帮助我们记住重要考点。即使某个故事包含了多达五百张图像，全部在脑子里回放一遍也只需要花一两分钟。每张图像都会告诉你一个关键词或短语，而每个关键词或短语都能反馈出大量的信息。法律系学生就是用这个技巧来记忆大量的判例法的。

记住，要么埋头死学，要么“巧”学“活”学。你可以每晚花几个小时死记硬背——重复、重复、再重复——希望把知识装进脑子里。或者你可以用聪明的方法学。魔术记忆法不仅能事半功倍达成目标，还能减轻身体的劳累。

在这个过程中，你放飞了你的想象力，描绘各种滑稽可笑的场景，你沉浸其中，其乐无穷。最重要的是，你牢牢记住了每一个知识点。你满怀信心地走进考场，你成竹在胸地第一个交卷，你会很欢喜！

最后考考你：在自由女神像的故事中，是谁在驾驶豪华轿车？约翰·特拉沃。轿车拖着什么？一辆大型房车。当你发现自己立刻就能想起来，这种感觉是不是很美妙？

用心听讲

现在，我教你怎样听课才能最大限度地吸收信息。无论你是在课堂上听老师讲课，还是参加讲座，或者是任何演讲者分享信息的其他情形，基本原理都跟阅读方法相似。

我首先要再次提醒你，不要动笔做笔记。比如听演讲时，你要全神贯注听讲。如果你边听边写，心思就会分散。我已经说过，一心不能二用。此外，做笔记也会给你造成压力。你一边给自己施加压力（“这个我得记下来”），一边奋笔疾书，而演讲者早已转到下一个话题了。你跟在后面穷追猛赶，记忆难免大打折扣。

听演讲的基本准则是：在脑子里想象教室里没有别人，演讲者只对着你一个人说话。你是否参加过一对一的辅导课？如果有，你就能明白，这种经历与跟二三十个学生一起听课有多么不同。你必须集中全部精力，对老师所讲的内容做出反应。你和老师之间的能量流动更为强烈，老师所有的关注点都在你身上，所有的授课内容都是为你量身设计的，只为你。

你可以在脑海中创造一个类似的情境，然后提出问题，就像你在真实的一对一教学场景中做的那样。在讲座暂停、休息的时候，想象自己举起手说：“抱歉，你能再说一遍吗？”你当然不会得到回答，但只要花上几秒钟关注这个问题，对于记忆这一信息都是有帮助的。

你还可以将这个策略更进一步，想象你自己说：“抱歉，你刚才的话，我这样理解对不对？”这样就更好了，因为你用自己的语言讲出了对演讲内容的理解。我们说，重述即重塑，不是吗？这意味着你大脑里的神经元也跟着活跃起来了，它们参与了你的记忆。

我建议你把讲课内容录下来，回到家可以再听一遍。你可以买一个变速录音机，以两倍速播放。有些录音机还有音调调节功能，这样回放的时候就不会像米老鼠在说话一样——米老鼠的声音可太烦人了。重听的时候，同样要在脑海中重新表述讲座的内容。但这一次，听到你认为重要的段落或可能会考的内容时，按下暂停键记笔记。

然后重复我在“阅读与记忆”一节中介绍的记忆程序。精简笔记，把每个笔记转化成图像，并把它们编成一个滑稽可笑的有趣故事，类似于第二章自由女神像的故事。现在所有的笔记都刻进了记忆里。

即使你偷懒不肯做把笔记转化成图像的最后一步，你对于知识的掌握仍然遥遥领先。听完录音，你已经认真地听了两遍讲座。而那些在课上做笔记的人甚至没有认真听完一次。我敢打赌，如果考你讲座的内容，你一定可以应对自如。

这几节介绍的阅读和听讲的方法，简单却有效，其价值怎么强调都不为过。我在圣玛丽高中读书时，老师说我有学习障碍，然后我开始在学习中运用这些方法，效果显著。我发现它们对我的很多学员也很有用。它们之所以有效，是因为它们使你专注于要呈现给你的信息；它们之所以有效，是因为你可以从中获得乐趣。它们的效果比重复要好得多，因为重复枯燥乏味，而且不能让你的无意识参与进来。人们问起你的记忆力怎么这么好时，你会想：因为我知道怎么学习，我知道如何更好地吸收知识，我知道大脑如何运作，我知道如何处理和组织大脑中的信息，在我需要的时候，这些信息就会马上出现。

顺便说一下，你在对话中也可以采用这种技巧：要求对方重述谈话内容，或者问他们："我想确认一下，你的意思是不是……"然后用你的话表达给他们听。不要害怕要求别人重复。每个人都喜欢被倾听。你要求他（她）重复某件事情时，就是在告诉他（她），你对他（她）的想法很感兴趣。倾听的姿态总能得到热情的回应。

为理解而阅读

1. 阅读时，要像你在对别人讲述阅读内容一样。

2. 对文中不理解的地方提出疑问。如：“你能换个说法吗？”“我不明白。”

3. 记住关键信息。同时，简短地做笔记。

4. 如果可以，将笔记浓缩为一个短语，每个短语囊括大量信息。

5. 将这些短语按音节转化成图像，每次一个音节。

6. 将这些图像组合成一个无厘头故事，类似于前面学过的自由女神像的故事。

为考试而阅读

步骤同上，但当读到你认为可能会考到的部分时，告诉你假想的学生：“一定要记住这个，因为它可能会出现在考卷上。”

听讲座或演讲

1. 假装演讲者只对你一个人演讲。

2. 在脑子里提出问题。

3. 将演讲内容录下来，然后重听（如果你愿意，可以用倍速播放）。

4. 同“为理解而阅读”中的最后三步。

必备的脑力训练

练习 1

拿一本你以前读起来有困难的书，试着用魔术记忆法再读一遍。(你也可以从你喜欢的书中只挑一章来读。)现在读起来容易些了吗？你是否记得更多书里的信息了？

练习 2

下次听讲座或演讲时，不要做笔记。试试运用魔术记忆技巧，看看你对所讲内容记得怎么样。

第十四章　单词与拼写

记忆单词

怎样才能记住单词及其含义？你可以用我们都学过的多次重复法，我们也都知道这很枯燥乏味，费时费力。或者，你可以把它转化成生动形象的动态图像。

以“惊愕（consternation）”这个词为例。惊愕的意思是使人麻痹的惊奇、惊讶或令人困惑的恐惧情态。我们怎样才能把惊愕（consternation）转化成一幅图像？它有哪些音节？大声说出来。“con-ster-na-tion”或“con-stern-nation”。第一个音节“con”，你可以想象一个罪犯。至于第二个音节“ster”，你可以想象用勺子在碗里搅来搅去（stir）的画面，或者画出船的尾部（stern）。“na-tion”就比较麻烦了，我更喜欢把两个音节连起来，画个代表国家的东西，比如联合国（the United Nations）、地图集或地球仪。因此，也许你可以在脑子里想象一个罪犯坐在船尾，朝某个国家驶去的画面。

为音节创造画面的同时，要把单词的含义纳入画面中。“惊愕（consternation）”是指处于使人麻痹的惊奇或惊讶状态。在脑子里给罪犯配上困惑、茫然绝望的表情，他在经历着什么？惊愕。没错，他一副惊愕不已的样子。

你要做的就是把单词的含义转化成一幅图像，以强化记忆。下次再看到这个词时，你就会对它印象深刻、经久不忘。但如果你依赖多次重复来记忆，不知要翻多少次词典才能记得住。

你也可以在学习其他外语时使用这个技巧。记忆方法跟英语单词的记忆方法是一样的。把单词拆分成音节，把每个音节转化成与之读音相似的图像，把单词的含义也转化成图像，然后将所有图像组合在一起，就像我们记忆“惊愕（consternation）”时做的那样。我们举个西班牙语的例子，pelo（发音为“paylow”）这个词，意为“头发”。要把pelo转化为图像，首先要把它变成音节。大声重复几遍，“pe-lo”“pe-lo”。听起来像什么？发音听着像“光环（halo）”，想象一幅光环的图像怎么样？在你的脑海中创造一轮生动的光环。那么，光环上都有什么呢？没错，是头发。画面一定要生动、清晰。你给这个单词的音节创造了一幅图像，又给它的含义想象出了图像，还把它们组合在了一起，这样你就记住了这个单词。

如果要考考你，有两种提问方式。第一种问法，“头发”用西班牙语怎么说？你问自己这个问题时，你的脑海中会出现什么？一张头发的图像。它下面盖着什么？一个光环（halo）。“光环（halo）”就会让你想起“头发（pelo）”。第二种问法则恰恰相反，西班牙语的“pelo”是什么意思？你这样问自己时，什么东西会出现在你的脑海中？一幅有光环的图像。光环上面有什么？头发。两种问法你都能对答如流。

我们再来看一个更难的，葡萄牙语单词“蛤蜊（amesuis）”。读作“ah-mess-yu-is”，分解各个音节，可以翻译为“啊 - 鬼样 - 你 - 是”。“ah-mess-yu-is”，大声重复一遍。

为了加强记忆，想象一下：你站在海滩上，海浪翻滚而来，涌到你脚下。你向茫茫大海望去，看到一个巨大的蛤蜊从水里钻出来。它有胳膊有腿，还有眼睛。这个蛤蜊浑身覆着污垢：淤泥、黏液、藤壶、海藻，等等。你在脑海中指着它大喊：“瞧瞧你这个鬼样子！（ah-mess-yu-is!）”大声说出来，“蛤蜊，瞧瞧你这个鬼样子！”多重复几次。“鬼样子，蛤蜊。”“鬼样子蛤蜊。”如果你能在脑海中生动地描绘出这一幕，你猜怎么着？你会永远记得，amesuis 在葡萄牙语里指蛤蜊。

运用记忆基本方程式：生动的图像加上动作等于记忆，我们只花了不到三十秒就记住了这个单词的意思。充分发挥你的想象力，你可以增加词汇量，学习外语单词、医学术语以及其他任何信息，比重复学习容易得多。

请记住，你用的不是联想记忆法。联想是以一种合乎逻辑的方式，把你已知的东西和未知的东西联系起来。而这里，我们是丝毫不讲逻辑的。我们是把两样东西想象成两幅生动、清晰的图像，再使用大量的动作，以一种滑稽可笑无厘头的方式把它们联系起来。

我喜欢把这种技巧教给更多的人，因为我记得我曾经如何对着单词卡念念有词，一遍又一遍，背了又忘，忘而复背。与其死记硬背，每个单词花上半个小时仍然不得其法，不如把单词及其含义变成两幅图像，再把它们组合在一起，整个流程下来，一两分钟足矣。你放飞了想象力，并乐在其中，记单词这件事骤然变得轻松有趣起来。这便是埋头苦学和巧学活学的区别。

拼写

许多孩子和成人都跟我吐槽过："单词拼写可把我愁秃头了。"我告诉他们，如果用魔术记忆法来记，他们将永远忘不了如何拼写。

通常一个单词里，比较难记忆的往往只有两个或三个字母的组合。要记住正确的拼写，只需单独把"麻烦"的字母组合剥离出来，给它创造一个生动的画面。就这么简单。

我们看"重量（weight）"这个词。通常是 e 和 i 这两个字母令人混淆。我们怎样才能记住在这个词中，"e"是在"i"之前的呢？在脑海里想象一头大象，它慢慢踱着步站到一杆秤上称体重。它低头一看，惊叫道："哦，不，我太胖了！"大象沮丧极了，开始大哭起来，眼里掉出来的却是一块块冰。他一哭，冰块就砸在秤上——叮当，叮当，叮当。这样你想象的画面就出来了。

回想一下事件的顺序。大象走到秤前，看到自己的体重后，大哭起来。在事件发生顺序中，大象（elephant）——代表 e——先出场，冰块（ice cubes）——代表 i——后出场。这样，通过大象落泪成冰的图像，你就永远记住了，在“重量（weight）”这个单词里，e 排在 i 之前。

我们再学一个单词。“必要的（necessary）”这个单词，是一个 c 和两个 s，还是两个 c 和一个 s，总是让人傻傻分不清。

想象一只猫（cat）——你家的猫也行——在客厅里优哉游哉秀着女王步。突然，它看到一只臭鼬（skunk）从沙发后面蹿出来，跳到了咖啡桌上。然后，又蹿出了一只臭鼬，它们俩开始在咖啡桌上旁若无人地翩翩起舞。猫跑到咖啡桌前，想要攻击臭鼬。它奋力跃起，一爪子拍下去，但臭鼬毫不在意。臭鼬有两只，你的猫两爪难敌四手，所以它们有恃无恐，一直在咖啡桌上来来回回跳着华尔兹。

我保证，只要你记得这个故事，记得一只猫对峙两只臭鼬的画面，你就会永远记得“necessary”里有一个 c 和两个 s。

复习

记忆单词

1. 查阅该词的含义。
2. 将该词分解成音节。
3. 为每个音节创造读音近似或可指代其意的图像。
4. 将图像串连成一个故事。
5. 将单词的含义也纳入故事中。

记忆拼写

1. 查阅该单词的正确拼写。
2. 挑出该单词中你认为困难的字母组合。
3. 选择能代表该字母组合的图像。
4. 将这些图像串连成一个滑稽的故事。

必做的脑力训练

练习 1

用我们在本章中讨论的方法，记忆下列单词。

1. bookkeeping [ˈbʊkˌkiːpɪŋ] 记账
2. precede [prɪˈsiːd] 领先
3. liaison [ˈliːəzɑːn] 联络
4. receivable [rɪˈsiːvəbl] 应收的
5. census [ˈsensəs] 人口普查
6. questionnaire [ˌkwestʃəˈneə(r)] 问卷调查
7. pneumonia [njuːˈməʊniə] 肺炎
8. subtle [ˈsʌtl] 微妙的
9. macabre [məˈkɑːbrə] 可怕的
10. wreckage [ˈrekɪdʒ] 残骸

练习 2

记忆上述单词的拼写。

第十五章　计算

我不久前访问了康涅狄格州的一所文法学校。在一间教室里，我问一个学生 7 乘 7 等于多少。他拉开课桌，拿出一个计算器，一阵狂按。“你偷拿计算器进课堂吗？”我问他。“哦，不是偷拿。”他回答，“我们人手一个，数学课要用。”我难以置信地睁大了眼睛，“数学课上用？”我问他。他像看外星人一样看着我，“是啊，不然怎么算数？”

我们的头脑确实变得越来越迟钝了，这在做数学题时表现得尤为明显。我们多么怠于计算，我们又多么畏惧数字，说出来简直令人难以置信。不仅仅是学校里的学生，很多成年人也不能口算出简单的加法。如果不用计算器，许多人根本算不清支票簿上的一串串数字。简单的乘除法也需要依赖计算器，稍微复杂一点儿的计算，就更难于上青天了。相信我，你今天的任何一个偷懒，都需要用明天来买单。就像你不锻炼身体就要遭罪一样，脑子若弃置不用，便会锈蚀了。

我们每个人都应该试着丢掉计算器，用大脑做计算，这是让神经元持续燃烧，保持思想活跃的好方法。脑子越用越活，你越是爱动脑，思维就越清晰敏捷。

不过，我们如此热烈拥抱计算器，其实事出有因。对我们很多人来说，数学不仅艰涩难懂，而且枯燥无趣。看九九乘法表就知道了。做教育培训的同行跟我说过，学乘法是许多学生最困难甚至是最痛苦的一段经历。为什么呢？因为跟背单词和其他许多东西一样，老师都是要求学生把乘法表死记硬背下来。而我一直都说，重复不仅枯燥，而且不能有效激活脑细胞，事倍功半。对很多学生来说，“背诵”简直是一场毫无人性的噩梦。

但我有更好的法子。

学习乘法表

4×3=？我是这样做的：

在脑海中想象以下场景。你站在房子外面，你父亲的新汽车挨着房子停得很近。你怒气冲天，抓起一张凳子砸到引擎盖上。你砸了一下又一下，毫不手软。突然，你父亲出现在门口，看到这一幕，大为光火，他觉得你肯定是疯了。他手里拿着一大筐鸡蛋，他抓起鸡蛋劈头砸过来。你大叫着：“不，爸爸！别打我！别打我！”“啪！”鸡蛋砸中了你的后背。你伸手接住一个，扔回给他，又被一个砸中了后脑勺。你们脸上都是蛋液横流。

我相信，如果你跟四年级数学老师说这就是4乘3的答案，她肯定也认为你疯了。但瞧瞧我们刚刚做了什么？我们为这个等式创造了一幅图像。

想一下我们的树清单。树清单上汽车代表哪个数字？4。凳子呢？3。鸡蛋？12。所以，4×3=12。我构想这个小场景只用了大概三十秒，你也可以。

为了记住乘法表，你要遵循我们记忆信息的三步骤：为每个数字准备一个桩子；为每个数字描绘图像；然后用动作将这些图像组合在一起。上述例子中，我用了树清单的元素作为桩子，你也可以用房子清单或身体清单。

我们再看一个例子：2×4=8。合上书，用身体清单，为这个等式创建一个场景，试试吧。

我是这样想的。我走在街上，突然，我的膝盖痒痒的，我低头一看，一只粉红色的大蚊子在膝盖周围嗡嗡打转，随时想要叮下去。我挥手赶它，它却落在了我后背上。我拍开它，它又跑到我脸上。我照着脸一掌拍下去，又让它跑了，它又回到了我的膝盖上。我穷追不舍，它躲得不亦乐乎，而我的膝盖和后背越发痒得难受，脸也被一耳光扇得肿起老高。

简单吧。膝盖、后背、脸：2×4=8。创作这些故事有趣又简单。沿着这些思路，你的大脑便可以进行深层次的创造性思考，答案自然会浮出水面。创造即懂得。

我们擅长什么，自然会喜欢什么。学习好的孩子喜欢上学，篮球打得好的孩子喜欢打篮球。记忆也一样。如果你的记忆力极佳，自然喜欢记东西。把你要记的东西转化成图像，再用动作把所有图像组合起来，只需要几秒钟，轻而易举就记住了。这样的例子不胜枚举，我相信你随意就能说出许多来。

创造附加的桩子清单

给乘法运算想象图像时，你可能会有疑问：如何描绘 $5\times6=30$？ $7\times8=56$ 呢？ 5，6，7，8，我们都有相应的桩子，但更大的数字呢？我们的房子清单上只有二十个桩子，身体清单则只有十个。

你可以扩展已有的列表，主要方法有两种。

其一是简单地往桩子清单上添加项目。三个清单中房子清单最为强大——它为你所创，为你所有——因此你可以把它作为主要清单。你可以往房子清单上添加更多房间，再往每个房间添加更多物件，就能得到一串绵延不绝的桩子清单，而且，它也绝对是一个值得信赖的清单。

其二则是创建全新的桩子清单，拓展桩子空间。例如，办公室清单就非常有用。你每天会在办公室里接触很多东西，早对它们烂熟于心了。创建办公室清单时，要想一想不同物品的不同用法。

例如，我用我的办公用品创建了一个所谓的“就手清单”，该清单包括我坐在办公桌前伸手就能够得着的东西。我坐在办公椅上，首先可以够着一个订书机，这就是我的第一个“就手桩子”，回形针架是第二个桩子，第三个是笔和便笺簿，然后是记事本，电话，台灯，收件箱，以此类推。用点儿心，你就能创造出许许多多的桩子，你自己也必定会大为吃惊。再次提醒，这些物品都是你早已知晓的，你只需要记住它们的顺序。

记忆一串数字

你还可以用魔术记忆法记一连串的数字。我稍后会以车牌号码为例说明。电话号码、账号密码，甚至是长得离谱的信用卡号也适用此法，收效甚佳。在本书第二部分“进阶魔术记忆”中，我们还会再讨论长数字的记忆法，在那里你会学到更多简单有用的数字记忆技巧。

比如这个车牌号，A71416D，你会如何记忆？只需把每个项目变成一张图像，然后把这些图像拼成一个滑稽可笑的无厘头故事。

在脑子里想象以下情景。你手里拿着一个苹果，用力朝地板上的一个大骰子砸过去，你砸中了，骰子迸裂开来，露出里面的大堆钻戒。你走过去拾起钻戒，说：“哇，太棒了！快看哪！这么多钻戒！但我好饿啊，我更想要糖果。”你去了一家商店，把钻戒给了店员，换了一堆糖果，你高兴坏了。你舔着糖走出商店，一只狗扑到你身上，跟你抢糖吃。

你刚才用树清单上的桩子记住了这个车牌号。我们先用助记法，想象一个苹果代表 A。你用苹果砸什么？骰子。它是树清单里的什么数字？ 7。骰子裂开后，露出了什么？钻戒。戒指在树清单代表 14。你拿着这些戒指想去商店买什么？糖果。树清单里糖果是什么数字？ 16。你走出商店时，谁扑上来？一只狗，这里也用了助记法，狗代表 D。

苹果 - 骰子 - 戒指 - 糖果 - 狗，即 A-7-14-16-D

上述等式就是你创造的故事，而故事代表了车牌号码。应用熟练以后，创作这些画面并将其存入记忆大约只需三十秒。当然，为山九仞，岂一日之功。技能的精进绝非朝夕之事。训练伊始，可以选一个电话号码，或者一个银行账号，坐下来，花几分钟给它创作一个故事。将数字切分成小块，就像拆分单词音节一样。然后，把它从脑子——你的意识里——赶出去，去做些别的事情，第二天再看看你能否记得这些号码——你肯定记得。

记忆乘法表

1. 选择一个桩子清单，把每个数字转化成一个图像。

2. 创作一个故事将这些图像组合在一起。

3. 如果数字大于桩子数量，可以扩充清单的桩子，或创建新的桩子清单。

记忆车牌号

1. 将车牌号的每一项转化为图像。

2. 将这些图像串联起来，创作一个滑稽有趣的故事，类似于自由女神像的故事。

必做的脑力训练

练习1

用本章所学的方法，记住以下车牌号码：

1. A11H13D
2. 18194C
3. B4U28RT

练习2

利用你的办公室或学校，新建一个包含十件物品的桩子清单。

第二部分

进阶魔术记忆

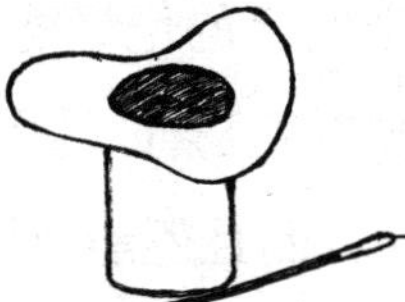

第十六章　复习与介绍

欢迎你来学习进阶魔术记忆！训练到现在，很多人跟我说：“我竟然坚持了下来，凯文，你不知道我有多高兴！我简直不敢相信我的记忆力竟然提高了这么多，我一度以为我的记忆力永远也不会好了。真的非常感谢你！”现在，我们站在进阶魔术记忆的攀登起点，希望你也看到了前期训练的成效。

进阶魔术记忆以本书第一部分的学习为基础，为你提供更高一层的记忆训练。我们会先快速回顾你在第一部分学到的基本记忆技能，然后开始学习新技巧，学完以后，你会发现以前想都不敢想的事情，记忆起来竟是如此简单。记忆所能及的边界拓宽以后，进阶魔术记忆能够进入更为宽广的智力领域发挥作用，你的计算能力和对复杂信息的记忆能力都会大幅提高，你还能开发出许多新方法，全方位改善你的生活。

你的思维会更加敏捷活跃，而且还能戒掉顽固的恶习。我用这些技巧减掉了二十千克的体重。下一章，我会与你分享如何“重链接”大脑中的记忆，在无意识中改掉恶习，改变你不想要的行为模式。

基本规则

跟第一部分一样，我们先快速回顾基本的阅读规则，让你能在第二部分的学习中获得最大成效。

1. 按顺序阅读各章节。跟第一部分内容一样，本部分的内容都是精心设计的，以最佳的顺序和方式编排呈现，以帮助你更好地学习魔术记忆技巧。如果跳读，效果会大打折扣。

2. 阅读时屏蔽干扰。必要的话，把手机调成静音。若非我特别要求，不要中途休息。如果有三两个伙伴一起学习，也很好，只要你们都各自聚精会神，互不干扰。

3. 每学完一章要适度休息。不要贪多求快。如果你想一天学几章，也是可以的，但每章之间要休息五到十五分钟。

4. 每天学习进阶魔术记忆的时间不要超过三小时。如果再多，就要喊停了。跟生活中很多事情一样，少量多次学习效果最佳。

我强调不要过量学习，全天候参加培训课的人们最有体会了。或许你也参加过这样的培训课，你投资了几千元，还投入了大量的时间和精力。起初，你求成心切，像打了鸡血一样一门心思向前冲，狼吞虎咽下讲师投喂给你的信息。但迟早有一天，你吃过午饭，突然感到疲倦不堪。首先，你的身体忙于消化你刚刚吃下的食物。其次，你只能一次性吸收大量信息。要依照健身房的教练告诉你的健身原则：不要把一周的训练量压缩在一个小时内完成，这样只会过度锻炼，过犹不及，也是一样的道理。循序渐进，充分吸收，内化于心，方可见良效。

5. 坚持每日练习不间断。如上所述，为了从进阶课程中获益，要循序渐进，日复一日，勤学不怠，方为上策。

我的意思是，尽量不要隔天学习。开始训练后，在每天三小时的时间限度内，你可以想学多少就学多少，但至少每天一章。我们会在前五章集中学习一些记忆技巧，为余下部分打下坚实的基础。

6. 按要求大声开口说。你会看到，这一点也比在第一部分更重要。

7. 注意训练前摄入的食物。学习前不要饱食，注意糖类和淀粉类的摄取，不要饮酒，尽量远离咖啡。

想要保持思维活跃，也要注意你的压力标准。记住，你只需按自己的步调，乐学趣学。所以，请放轻松，不要在意别人。魔术记忆和竞争、好分数毫不相干。

可教性指标

我们在第一章已经讨论过可教性指标，这里我还想补充几句。记住，它包括两个维度：

1. 学习的意愿

2. 接受改变的意愿

显然，你既已完成第一部分，还在继续探寻进阶部分，我们理当认为你学习的意愿高涨，但这恰是最容易的部分。你还需继续观察自己接受改变的意愿——这才是问题的症结所在。如果你认为在本书第一部分你已开始用全然不同的方式进行思考，学到这里我们不妨再看——什么才是真正的拓展思维。

就像学习打字、骑自行车或驾驶手动挡汽车一样，刚开始学习进阶魔术记忆法你可能会感觉不适。我现在就可以告诉你接下来的几章都不轻松：刚开始的练习可能枯燥乏味，艰涩费劲。然而，曲曲折折的藤蔓才能结出甜美喜人的果实。坚持下去，你不仅能拥有强大的记忆力，你的心智也会增强。

接受改变的意愿很关键。你能否在这一维度拿到高分，是否乐于接受挑战，能否坦然接受进阶魔术记忆法带来的好处？把这些问题贯穿于整个第二部分的学习，并持续给出肯定的答案。如果一开始效果不尽如人意，也不要灰心气馁。坚持下去，你的付出会得到巨大的回报。

温习第一部分

再次强调，你必须充分掌握第一部分的内容，才能继续学习第二部分。接下来的段落，我们会梳理一遍第一部分的知识，以便你对学了什么心中有数。如果你对第一部分的任何内容感到生疏或者尚有疑问——回到相应的章节再复习一遍。

我们学习魔术记忆的第一站是树清单和基本词语联想。很多记忆训练都会采用基本词语联想法，其定义是把已知的信息和未知的信息（即想要记住的东西），以某种合乎逻辑的方式联系起来。通过助记法，用 HOMES 这个词来记忆五大湖便是运用了基本词语联想法的例子。然而，现实生活中很少用到，因为基本联想法只对某些情况有效，很多时候你并没有时间坐下来，优哉游哉地给所有信息一一建立起逻辑联系。然而，了解基本联想法之后，我们用它把二十个项目（从“树”到“香烟”）记在了脑子里。这二十个项目就成了一个桩子清单，即树清单，它是我们脑子里储存信息的地方。更重要的是，你为此做的练习刺激了大脑的神经递质，你从此走上了释放照相机般强大的记忆能力的道路——你现在已经拥有了即时记忆能力。

我们学习的第二站是记忆链。其定义是在脑子里给几件事物分别创造不同的生动图像，再以一种夸张滑稽无厘头的方式，将这些图像组合起来。这个技巧是所有记忆训练的基础，因为我们的大脑是用图像进行思考的。所以，把图像想象得生动形象很重要。

何为生动的图像？它是你脑海中的一幅图像，色彩鲜明，细节详尽，如水晶般清晰具体，可闻其味，听其声，产生感觉，如亲历，非虚幻。这就是我们在魔术记忆中所说的“生动”。

我们还通过玩专注力游戏，学会了如何给抽象的词语、概念和姓名创造图像。

先将词语分解成音节，并为每个音节创造读音相似的图像，我们就能够把它们固定在桩子上。我们了解到积极的动作在定桩时有多重要——你要尽可能让动作做得清晰有力，动感刺激。我们创建了两个桩子清单，即身体清单和房子清单，分别包含十个和二十个桩子。

综合所有技巧，我们便得到记忆任何信息需要做的事情。我们称之为记忆三步骤：

1. 存放信息的地方，即桩子。

2. 在脑子里将信息转化成一幅图像。

3. 用“脑力胶”——动作，将图像牢牢地附着于桩子上。

我们将这三个基本步骤应用到一些日常生活的记忆情境中。我们看到了魔术记忆如何帮助我们有效阅读，如何不动笔墨地在课堂和讲座中吸收更多信息。我们应用魔术记忆法来记忆单词、拼写和数字，并在此过程中学着放手，给予我们的记忆力充分的信任。

在第一部分，我们还学习了魔术记忆的理论基础。大脑处理信息需经过五个阶段：思考、情感、观察 / 搜索、创造、认知，这是记忆的理论基础。无论记忆还是归档信息，无论输入新信息还是检索旧信息，都必须经过这五个阶段。魔术记忆技巧能帮助我们超越第一阶段，即思考阶段。这一阶段只有大脑的意识在工作，比起无意识的深层思维过程，其力量渺小得多。

魔术记忆中的练习和技巧会调动无意识思维，让我们的记忆变得敏捷高效。

最后，在第一部分，我们还了解到身体因素对保持良好记忆的重要性。我们讨论了营养、压力和某些疾病对记忆的影响，它们危害人的方式往往隐蔽而狡猾，令人难以捉摸。

现在，如果在这个简短的复习中，你还有什么练习或某个技巧未能熟练于心——自由女神像故事、身体清单、房子清单、桩子、信息化图像、积极动作，等等，请返回去复习，直到烂熟于心，方可继续。否则，我说过，继续第二部分也是徒劳。当然，有一个例外——树清单。树清单在进阶训练中使用较少，身体清单和房子清单才是重头戏，你要对它们了如指掌。

身体清单——十个桩子

1. 脚趾
2. 膝盖
3. 大腿肌肉
4. 背部
5. 手
6. 肩膀
7. 脖子
8. 脸
9. 头顶
10. 天花板

树清单——二十个桩子

1. 树
2. 电灯开关
3. 凳子
4. 汽车
5. 手套
6. 手枪
7. 骰子
8. 溜冰
9. 猫
10. 保龄球
11. 球门
12. 鸡蛋
13. 巫婆
14. 戒指
15. 工资
16. 糖果
17. 杂志
18. 投票箱
19. 高尔夫俱乐部
20. 香烟

房子清单——二十个桩子

1. 按顺序选择任意四个房间。

2. 在每个房间里，按顺序选择任意五件物品。

自由女神像故事

自由女神像、火炬、书、胖男人、电钻、肥皂、紫色硬币、挂锁、房车、黑色豪华轿车、约翰·特拉沃、黑色毡帽、黑色背心、黑色皮靴、凯西·李·克罗斯、粉色圆点比基尼、给经纪人的信、大型圣伯纳德犬、毛皮大衣、钻石项圈 、火腿、美洲狮、棕榈树、自由女神像。

基本词语联想

将你想记住的信息和已知的信息以合乎逻辑的方式联系起来。

记忆链

为你想要记住的信息分别创造不同的生动图像，然后用不合逻辑的、夸张的动作把所有图像组合起来。

桩子

在脑子里生动地描绘出一个既已存在记忆里的桩子，再为想记住的东西创造一幅图像，然后用不合逻辑的、夸张的动作将第二幅图像定桩到第一幅图像上。

必做的脑力训练

练习 1

复习三个桩子清单，确保熟记于心，倒背如流。如果你和伙伴一起学习，请你的伙伴报数字或读出词语，你说出相应的词语或数字。如果你是独自一人，先盖住清单的数字或词语，确保你能立即说出相应的词语或数字。

练习 2

确保你清楚地知道基本词语联想、记忆链和桩子三者的区别。如果不清楚，请返回去复习相应的章节，重做相应的练习。

第十七章　身体清单语音

魔术记忆进阶训练，我们从身体清单讲起。身体清单由十个项目组成，即桩子：脚趾、膝盖、大腿肌肉、背、手、肩膀、脖子、脸、头顶和天花板。我们学习身体清单的时候，我提过，每个桩子的名称都有它的来由。例如，我们称脚趾为脚趾，而不是脚；大腿肌肉不叫大腿，它就是肌肉；背不是屁股或臀部，而是叫背。稍后你就会明白这其中的原因。

不过，在此之前，我希望你再次复习身体清单，巩固记忆。我要你站起来，大声重复身体清单，每说到一个桩子，做出与之关联的动作，指一指、拍一拍等。例如，数字 1 是脚趾，动动你的脚趾大声说："数字 1，脚趾。"然后继续下一个桩子，确保顺序正确。

现在站起来，开始练习。"数字 1，脚趾"，动动脚趾。"数字 2，膝盖"，拍拍膝盖。"数字 3，大腿肌肉"，拍拍你的大腿肌肉。"数字 4，背"，拍拍背。"数字 5，手"，捏捏你的手指。"数字 6，肩膀"，拍拍肩膀。"数字 7，脖子"，摸摸你的脖子。"数字 8，脸"，摸摸你的脸。"数字 9，头顶"，指指你的头顶，再拍拍它。"数字 10，天花板"，指指天花板。

保持站立，重复两次。

稍后你要合上书，再做一次，确保你已经将它牢牢记住。如果你跟伙伴一起学习，可以轮流检查对方，直到你们都能不假思索地即时记起桩子的顺序。如果你是一个人，开始练习之前，要先把桩子顺序记在心里。要大声开口说，并按照指示做动作，这一点很重要。合上书本，现在开始复习。

为什么身体清单恰好有十个桩子，每个桩子为何如此称呼，都有其原因，与语音学有关。语音学，即研究构成语言的声音的学问。我们会用英语的十个基本语音，建立自己的语音字母表。将这十个语音记在心里，我们就能给每个语音创建一个数字。

为什么要这样做？语音或声音是语言的基础，我们开发的语音则是一套强大完整的魔术记忆系统的基础。把它想象成你记忆语言的字母表，其用途跟你现在使用的字母表一样，有无限可能。

对于语音练习，大声开口说极为重要。我会不厌其烦地强调这一点，学习每一个语音的时候，都要重复几遍。还记得吗？第一部分我告诉你要大声重复的时候，我说过，这样做能增加记忆渠道，提高记忆力。其中一种则是我们称为“神经肌肉记忆”的方式。大声说的时候，你不仅用大脑在思考，声带也会参与进来，迫使大脑中的神经递质以另一种模式发挥作用，创造出另一种记忆路径。例如，你大声说“数字 1，脚趾”

的时候，不仅大脑在思考，声带的震动也有助于你进一步记住“数字 1，脚趾”。

还有一个原因。你有没有听到过自己的录音，然后说：“那不是我，我的声音不是这样的？”我要告诉你，好也罢，坏也罢，这就是你的声音。你可能认为你每天听自己说话，肯定能认出自己的声音。然而，当你听自己的录音时，声音是 100% 通过空气抵达你的耳膜；而你听自己说话时，抵达你大脑的声音中，只有 50% 是通过你的耳朵传播的，另外 50% 来自你的声带，这部分声音通过连接组织传回大脑。所以，你的声音在自己听来和在别人听来是不同的。

这种差异也会影响你的记忆。与单纯听声音相比，大声开口说的时候，通过你的声带和骨骼传导的声音会更多地撞击大脑的连接纤维。(只听不说时，声音完全只通过耳膜传入大脑。) 这也为你大声说出来的信息开创了更多的记忆途径，换言之，这是将信息植入记忆的另一种方式。大声说话对获取成功极为重要，也会极大地影响你对魔术记忆法的掌握。

语音字母

脚趾——ta，da

第一个是“t”，音“ta”。说“ta”。(我们的语音字母表不包括元音，只由辅音构成。我们在辅音后增加“a”的音，只是为了发音更容易。）再来一遍，“ ta，ta，ta”。注意发“ta”的音时，舌尖顶住上颚。再来发“d”的音。“da，da，da”，要注意你的舌头位置在哪里——几乎和你发“t”的音时舌头的位置完全一样——顶住上颚。

大声重复“t”和“d”的音，“ta，da，ta，da”。我们认为它们是同一个音。现在，你身体清单上的第一个桩子是什么？脚趾（toe）。我们的第一个语音是什么？“ta”和“da”。“ta”就是“脚趾（toe）”。所以我们的第一个语音是“ta”。你能明白为什么我说身体清单中桩子的命名是目的明确的了，我们是在为学习语音铺路。

膝盖——na

再看身体清单的第二个桩子。你的膝盖（knee）。膝盖。你可能已经知道对应的语音了：“n”，音“na”。现在重复，“na，na，na”，数字 2 是 na——膝盖（knee）。

大腿肌肉——ma

身体清单上的第三个桩子是肌肉（muscle），我们的第三个语音是“m”，音“ma”。重复，“ma，ma，ma”。数字 3 是 ma——肌肉（muscle）。

背——ra

我们的第四个桩子是背（rear），第四个语音是“r”，音“ra”。重复，“ra，ra，ra”。数字 4 是 ra——背（rear）。

手——la

第五个桩子是手（lovehand）。第五个语音是“l”，音“la”。重复，“la，la，la”。数字5是la——手（lovehand）。

肩膀——sha，cha，ja

数字6是肩膀（shoulder）。第六个语音是“sh”，音“sha”。重复“sha，sha，sha”。数字6是sha——肩膀（shoul-ders）。跟第一个语音一样，“sha”也有关联的语音——其实是两个，“ch”和硬腭近音“j”，或“cha”和“ja”。大声说出来的时候，你就能感觉到这些发音的相似性。“sha”“cha”和“ja”。舌头略微蜷曲，舌尖轻触前上颚。再次重复这三个音节。“sha，sha，sha；cha，cha，cha；ja，ja，ja。”

我们再复习一次，大声说出来，“sha，sha，sha”。还有两个关联音，“cha，cha，cha”和“ja，ja，ja”。数字6是sha，cha，ja——肩膀（shoulder）。

脖子——ca，ga

第七个桩子是脖子（collar，为了语音的需要，使用“collar”，不用“neck”）。我们的第七个语音是“c”，音“ca”。重复几遍，“ca，ca，ca”。它也有一个关联语音，即“g”，音“ga”。重复，“ga，ga，ga；ca，ca，ca；ga，ga，ga”。数字7是ca和ga——脖子（collar）。

脸——fa，va

第八个桩子是脸（face）。我们的第八个语音是“f”，音

“fa”。重复几遍，“fa，fa，fa”。它也有一个关联语音“v”，音“va”。重复，“va，va，va”。“fa，fa，fa；va，va，va。”数字8是fa和va——脸（face）。

头顶——pa，ba

数字9是头顶（point）。第九个语音“p”，音“pa”，也有一个关联语音，“b”，音“ba”。重复，“pa，pa，pa；ba，ba，ba”。说出来的时候，你就能感觉到它们的相似性，轻合嘴唇，张开嘴唇发音时，轻轻吐气。数字9是pa和ba——头顶（point）。

天花板——sa，za

数字10是天花板（ceiling）。它与“s”有关，音“sa”。重复，“sa，sa，sa”。它的关联语音是“z”，音“za”。重复，“sa，sa，sa；za，za，za”。这里有个小插曲：身体清单上的10是我们语音字母表中的0，而不是10。数字0是sa和za——天花板（ceiling）。

你刚刚学会了魔术记忆语言的全部语音，我们还给它们一一创建了对应的数字。我们将完整的列表展示如下：

1.ta 和 da	6.sha、cha 和 ja
2.na	7.ca 和 ga
3.ma	8.fa 和 va
4. ra	9.pa 和 ba
5.la	10.sa 和 za

现在让我们练习记忆每个数字对应的语音，方法很简单——记住与之对应的身体清单即可。例如，你问自己，数字4的语音是什么？你就想身体清单的第四个桩子是什么？是背（rear）。背的语音是“ra”。

9的语音是什么？第九个桩子是什么？你的头顶（point）。那这个语音是“pa”。它有关联的语音吗？有，“ba”。所以9的语音是“pa”和“ba”。

6的语音呢？你的第六个桩子是什么？肩膀（shoulders），它的语音就是“sha”。它有其他关联的语音吗？是的，有两个，“cha”和“ja”。这就是数字6的三个语音。

数字0的语音是什么？记住，我们语音字母表中的“0”在身体清单中是10。第十个桩子是什么？天花板（ceiling），它对应的语音是什么？“sa”，其关联语音有“za”。所以0的语音是“sa”和“za”。

你现在的目标是掌握语音和数字之间的这种关系。你要能即时反应，也就是说，听到一个数字，你要能脱口说出对应的语音。练习时，你可以随意指一个数字，大声问自己：它的语音是什么？比如，“4的语音是什么？”你首先想到身体清单的第四个桩子，也就是你的背（rear），则其语音是“ra”。

刚开始做这个练习时，要放慢速度，深思熟虑谨慎作答，准确重于速度。速度总会提高的，相信我。想象一下蒸汽机车，在达到全速以前，它需要时间加速。对于语音字母表的学习，你还处于加速期。如果你跟伙伴一起，轮流说数字，另一人回答对应的语音。但无论是否有同伴，都要大声开口说。练习五到十分钟，直到把语音和数字准确地对应起来。现在，先别管关联语音，只关注十个基本语音就好。

语音和数字练熟以后，就加快速度。最终，你应该能做到一秒钟说两个数字，“2，na。1，ta”。这能给你对本书余下部分所需的学习速度提供参考。不过，我一直都说，不要过分求快，欲速则不达，先走再跑。现在合上书，开始练习吧。

做得如何？如果你觉得每秒两个的速度有些困难，也很正常，继续多加练习就好。

再练习一次。如果你对自己练习的准确性和速度都感到满意，就可以把关联语音加入进来。为了确保你把语音都关联对了，我们再复习一次。1是“ta”或“da”。6是“ja”“sha”或“cha”。7是“ca”或“ga”。8是“fa”或“va”。9是“pa”或“ba”。0是“s”或“z”音，“sa”或“za”。如果你在练习中加入关联语音，每次一个数字只发一个音，不要一下子喊出某个数字的所有语音。例如，如果你问自己，“数字7的语音是什么？”你可以说“ca”或者“ga”，但只说其中一个。你可以再选一次数字7，再说另一个语音。合上书，开始吧。

反之，说出语音也要能马上记起相应的数字。重复这个练习，这次要说出语音，问自己该语音对应什么数字，只需练习十个基本语音即可。记住，无论你是和别人一起练习还是单独练习，都要大声说出来。合上书，开始吧。

现在我想让你同时练习基本语音和关联语音。喊出一个数字，然后马上说出相应的语音。反之，说出一个语音，立即回答相应的数字。练习五到十分钟，让数字和语音之间的对应关系牢牢扎根于你的记忆中。

记住，每个数字每次只说一个语音，反之亦然。任选十项，举例如下，“ta，1。2，na。da，1。6，sha。6，ja。cha，6。9，pa。ba，9。ga，7。3，ma”。

这个练习的目标是什么？任何包含十个选项的练习（如上段所列），应在五秒内完成，或每秒两个选项。总共有十七个语音，所以整套练习应该在十秒内完成。

准备好了吗？准确度和速度很重要。合上书，开始练习吧。

我们再做一次，确保记得准确又高效。你要练习到一秒内完成两个组合，或五秒十组的程度，才能继续后续的学习。现在每十组一轮，开始练习吧。

学习下一课之前，先休息五到十分钟。然后在脑子里再次复习语音和数字，把这些内容记在脑子里，能随时回忆起来，对学习本书其余部分至关重要。

如果你觉得有困难，先停下来，放松一下。笑一笑，不要把它当作练习，想象你正以这个速度触摸所有的桩子。现在再试试这些练习，或者随心而动，回头重读整个章节。对这个练习得心应手以后，就可以进入下一章了。

身体清单语音表

1. 脚趾（toe）——ta，da
2. 膝盖（knee）——na
3. 大腿肌肉（muscle）——ma
4. 背（rear）——ra
5. 手（lovehand）——la
6. 肩膀（shoulder）——sha，cha，ja
7. 脖子（collar）——ca，ga
8. 脸（face）——fa，va
9. 头顶（point）——pa，ba
10. 天花板（ceiling）——sa，za

必做的脑力训练

练习

将以上身体清单语音表复制一份，剪开打乱组合顺序，凭记忆尽快重组语音表并计时。持续练习，直到你能在几秒内重组此语音表。

第十八章　图像词 1~25

上一章，我们已经为数字分配了语音，这对我们有什么用处呢？你会发现，进阶魔术记忆的大部分内容都集中在数字上，因为我们的很多记忆技巧都会用到数字。不过为了充分利用数字来记忆，我们需要把数字的图像存入记忆中，这些数字的图像就是我们进阶魔术记忆的词汇。

数字 0 到 9 都有对应的语音。由于我们是用图像来思考和记忆的，所以语音对我们没有什么好处；但图像，或者更准确地说是图像词，却很有用。结合新创的语音字母和数字 1~100，我们就可以创造代表这些数字的图像词。

创造图像词

开始创造图像词之前，我要再次提醒你：要按照指示大声读出来。

现在思考一下"tail [teɪl] 尾巴"这个词。大声读出来，确定其发音顺序。记住，你只需关注辅音，不必理会元音。第一个语音是"ta"，对应数字 1。大声读出来，"ta"。"tail"的下一个语音是“l”，音“la”，对应数字5。大声读出来，“la”。因此，在“tail ”这个词中，我们有两个语音“ta”“la”和两个数字“1”“5”。所以“tail”是数字15。

我们再做一个。思考一下“nun [nʌn] 修女”，把这个词大声读出来。“nun”，大声读出第一个语音“na”。“nun”的下一个音节是什么？也是“na”。大声重复一遍，“na”。“na”是2，所以“nun”是数字22。简单吧。

下面三个词也是一样的做法。大声读出这些词，再给这些词分配数字。只用脑子想，不要动笔。先完成这个练习，再继续往下阅读。

toad [təʊd] 蟾蜍

dish [dɪʃ] 盘子

net [net] 网

你应该得到如下结果：

toad：ta 和 da，就是 1 和 1，即 11。

dish：da 和 sha，就是 1 和 6，即 16

net：na 和 ta，就是 2 和 1，即 21。

现在我们反过来做这个练习。数字17的图像词是什么？首先，你要想出数字1和7的语音。数字1的语音是“ta”或“da”。7的语音是“ca”或“ga”。你可以给每个数字选择一个语音，但无论你选什么，你用这两个语音创造的图像词，必须只含有这两个语音，发音顺序也要一致。对于数字17，我选择“ta”和“ca”。而对于这两个语音，我选择“tack [tæk] 大头钉”这个词。“tack”——“ta”和“ca”。所以 17 的图像词是“tack”。明白了吗?

如你所见，同一个数字可以有很多图像词。17 的图像词还可以是“tick [tɪk] ”，指寄生动物，或时钟发出的嘀嗒声。为了写这本书，我给数字 1 到 100 选好了图像词。我希望你也使用这些词，以尽可能简化进阶魔术记忆的学习。但这个练习的最终目的是让你能够为 1 到 100 的每个数字创建自己的图像词。

需要注意的是，在本章和接下来几章的练习中，你主要处于思考阶段，激发大脑中的神经递质，有意识地发展记忆模式。换种说法就是，你要努力学习。只要你全身心投入练习，你就能建立起一个极其宝贵的知识库，你投入的精力会得到千倍的回报。

在我们开始给数字搭配图像词之前，我们先制定一些准则。第一条准则：我们会消除所有的“h”和“w”音。如果你有幸上过教授语音的语法学校，就会知道，除了我们在魔术记忆中使用的 17 个语音之外，还有其他的语音，但我们在本书中只使用在前一章中讨论过的语音。

因此，如果在练习中，我要你思考“hail [heɪl] 冰雹”这个词的语音，你会回答什么？不是“ha”，也不是“a”，因为“a”是一个元音，这些在我们的语音世界中都不存在。应该是“l”，音“la”。“la”是我们语音字母表上的数字 5，所以“冰雹 hail”

这个词的图像词只有一个数字，即5。“w ”音也是同样的处理方法，因此，比如说“whale [weɪl] 鲸鱼”这个词，也只有一个数字5。

第二条准则：如果一个词超过三个音节，我们只考虑前三个音节，以简化记忆。这也让我们在选择图像词时拥有更多的自由。接触到更大的数字时，你就会发现这个准则多么有用。

图像词 1~25

现在，我们要用语音做一个练习，创造第一批25个图像词。这些图像词会存入记忆，可随时取用。记住，你是在创造词，为其他需要用到数字的应用类型创造可用的工具。我给出语音的时候，请你大声读出来；然后再看我们给这个数字创造的图像词，你要给这个词想象一个生动的画面；再继续大声说出数字、语音和图像词。

现在我们开始练习吧。

数字1

1的语音是什么？我选择“ta”。（如果你自己创造图像词，你也可以选择“da”，但现在还是先用我的选择吧。）大声说出来，“ta”。

我给这个语音创造的图像词是“tie [taɪ]，领带”。在脑子里生动地想象一条领带。大声重复，“1，ta，tie”。

数字 2

2 的语音是什么？“na”。重复一遍，“na”。

它的图像词是“noah['noʊə]，诺亚”。你可以想象一艘方舟。重复一遍，“2，na，noah”。

我们复习一下。告诉我数字 1 的语音和图像词，“ta，tie”。2 呢？“na，noah”。

数字 3

3 的语音是什么？“ma”。重复一遍，“ma”。

想象一个“mow[məʊ]，干草堆”。重复一遍，“3，ma，mow”。

数字 4

4 的语音是什么？“ra”。大声说出来！记住，我就坐在你旁边，我想听到你大声地清清楚楚地说：“ra!”

它的图像词是“row [roʊ]，排”。重复一遍，“4，ra，row”。

我们复习一下。第一个语音是“ta”，它的图像词是“tie”。重复三遍，“1，ta，tie”。

第二个语音是“na”，图像词是“noah”。重复三遍，“2，na，noah”。

第三个语音是“ma”，图像词是“mow”。重复三遍，“3，ma，mow”。

第四个语音“ra”，图像词是“row”。重复三遍，“4，ra，row”。

我们继续。从现在开始，我只会在我认为必要的时候偶尔提醒你大声开口说，而你看到有引号的地方，就要自觉大声说出来。

数字 5

5 的语音是“la”。

其图像词是“ law [lɔ:]，法律”。“5，la，law。”顺便说一下，怎么想象“law”比较好？可以想象一个警察，正义的天平，法院徽章……总之，要想象具体的东西，因为“law”是一个抽象概念。

数字 6

对于数字 6，我们选择“ja”的语音。（当然也可以选择“sha”或“cha”。）

图像词是“joy [dʒɔɪ]，快乐”。当然，我们也可以给图像词一个专有的名称。重复一遍，“6，ja，joy”。

数字 7

数字 7 我们选择“ca”作为语音。

图像词是“key [ki:]，钥匙”。“7，ca，key。”

我们回头复习一下。记住，要大声说出来。

“1，ta，tie。”重复，“1，ta，tie。”

“2，na，noah。”重复，“2，na，noah。”

“3，ma，mow。”重复，“3，ma，mow。”

“4，ra，row。”重复，“4，ra，row。”

“5，la，law。”重复，“5，la，law。”

“6，ja，joy。”重复，“6，ja，joy。”

“7，ca，key。”重复，“7，ca，key。”

数字 8

对于 8，我们选择“fa”的语音。

图像词是“fee [fiː]，费用”。你可以把“fee”想象成柜台上的钱或者找零钱。“8，fa，fee。”

数字 9

数字 9 我们选择的语音是“pa”。

图像词是“pie [paɪ]，馅饼”。“9，pa，pie。”

数字 10

10 的语音是什么？

10 是我们的第一个两位数，所以我们必须给 1 选择一个语音，“ta”或“da”，再给 0 选择一个语音，“sa”或“da”。记住，语音的顺序要跟数字的顺序保持一致。

我选择“ta”代表数字 1，“sa”代表数字 0。重复一遍，“ta”和“sa”。我们用图像词“toe”代表这两个语音。因此，给数字 10 想象一些脚趾。重复，“10，ta，sa，toes”。

数字 11

11 由什么语音组成呢？同样，11 也有两个数字，1 和 1。我选择“ta”代表第一个 1，“da”代表第二个 1。重复，“ta，da”。

我们用“ta”和“da”这两个语音，创造的图像词是“toad [toʊd]，蟾蜍”。在脑子里把 11 想象成一只蟾蜍，然后重复，“11，ta，da，toad”。

我们复习一下。跟着我说：

“6，ja，joy。6，ja，joy。”

“7，ca，key。7，ca，key。”

“8，fa，fee。8，fa，fee。”

“9，pa，pie。9，pa，pie。”

“10，ta、sa，toes。10，ta、sa，toes。”再重复一次，“10，ta、sa，toes。”

“11，ta、da，toad。11，ta、da，toad。”再重复一次，“11，ta 、da，toad。”

请合上书，回想所有 11 个数字。大声说出每个数字，以及相应的语音，然后说出图像词，在脑海中清晰地想象其图像。然后快速重复这三个项目——数字，语音和图像词。跟伙伴一起练习会更有帮助，当然自己做也可以。这个练习需要五到十分钟。合上书，开始吧。

数字 12

数字 12 我选择语音“ta”和“na”。图像词是“tin [tɪn]，锡罐”。生动地想象一个锡罐，重复，“12，ta、na，tin”。

数字 13

13 的语音是“da”和“ma”。图像词是“dam [dæm]，堤坝”。重复一遍，“13，da、ma，dam”。

数字 14

14 的语音是“ta”和“ra”。图像词是“tire [taɪə]，轮胎”。重复一遍，“14，ta、ra，tire”。

回顾一下我们的练习，你能告诉我为什么选择“tire”吗？14 的第一个数字是什么？1。1 的语音是什么？“ta”或“da”。下一个语音是什么？代表 4 的“ra”。因此“tire”就是我们的图像词。另一个图像词“dire [daɪə]，严重的”也可以，但我选择了“tire”，因为它更容易想象具体的图像。

数字 15

15 的语音是“ta”和“la”。图像词是“tail [teɪl]，尾巴”。重复一遍，“15，ta、la，tail”。

我们来复习一下：

“12，ta、na。”这个图像词是什么？“tin”，再说一遍，“12，ta、na，tin”。

“13，da、ma，dam。”想象一个水坝。再说一遍，“13，da、ma，dam”。

“14，ta 、ra，tire。”“14，ta、ra，tire。”“14，ta、ra，tire。”

“15，ta、la，tail。”“15，ta、la，tail。”在脑子里生动地想象有一只尾巴在摆来摆去。

数字 16

16 是“da”和“sha”。图像词是“dish [dɪʃ]，盘子”。重复一遍，“16，da、sha，dish”。

数字 17

17 是“ta”和“ca”。图像词是“tack [tæk]，大头钉”。重复一遍，“17，ta、ca，tack”。

请再次合上书，练习数字 1 到 17，方法跟之前一样，可以和伙伴一起或单独进行。大声说出数字、语音和图像词，在脑子里想象出清晰的图像，然后快速重复这三项。现在合上书，用五到十分钟，复习数字 1 到 17。

数字 18

18 的语音是“ta”和“va”。图像词是“TV，电视”。重复一遍，“18，ta、va，TV”。

数字 19

19 的语音是“ta”和“pa”。图像词是“tape [teɪp]，磁带”。重复一遍，“19，ta、pa，tape”。

数字 20

20 的语音是“na”和“sa”。图像词是“nose [nəʊz]，鼻子”。重复一遍，“20，na、sa，nose”。

数字 21

21 的语音是“na”和“ta”。图像词是“net [net]，网”。重复一遍，“21，na、ta，net”。

数字 22

22 的语音是“na”和“na”。图像词是“nun [nʌn]，修女”。重复一遍，“22，na、na，nun”。

数字 23

23 的语音是“na”和“ma”。图像词是“enema ['enəmə]，灌肠剂”。重复一遍，“23，na、ma，enema”。

数字 24

24 的语音是“na”和“ra”。图像词是“nero ['nɪərəʊ]，尼禄”。想象一个微胖的男人穿着罗马长袍在拉小提琴。重复一遍，“24，na 、ra，nero”。

数字 25

25 的语音是“na”和“la”。图像词是“nail [neɪl]，指甲”。重复一遍，“25，na、la，nail”。

现在合上书，按照之前的方法，练习 1~25 所有的图像词。大声说出数字、语音和图像词，在脑子里形象地想象出图像。合上书，开始练习吧。

图像词 1~25: 反向练习

现在我们要进行反向练习。我给出一个词，你要大声说出对应的数字。你可以用直尺盖住数字，回答以后再看答案。

例如，“dish”。“dish”是什么数字？要想得出答案，先问自己这个词第一个语音是什么？是“da”，对应数字 1。第二个语音是什么？“sha”，对应数字 6。所以“dish”是 16。

准备好了吗？我们开始练习吧。

pie 馅饼

9。这个词只有一个语音，“pa”，所以 pie 是 9。

nun 修女

22。“nun”有两个“na”音，2 和 2 合在一起就是 22。

nail 指甲

25。“na”是 2，“la”是 5，nail 是 25。

tire 轮胎

14。“ta”是 1，“ra”是 4，tire 是 14。

toad 蟾蜍

11。“ta”是 1，“da”是 1，toad 是 11。

law 法律

5。“la”是 5，这个词只有一个语音，所以 law 是 5。

key 钥匙

7。“ca”是 7，没有其他语音了，所以 key 是 7。

TV 电视机

18。“ta”是 1，“va”是 8，TV 是 18。

nose 鼻子

20。“na”是 2，“sa”是 0，nose 是 20。

net 网

21。“na”是 2，“ta”是 1，net 是 21。

enema 灌肠剂

23。“na”是 2，“ma”是 3，enema 是 23。

joy 快乐

6。“ja” 是 6，这个词只有一个语音，所以 “joy ” 是 6。

tie 领带

1。“ta” 是 1，只有一个语音，所以 tie 是 1。

mow 干草堆

3。“ma” 是 3，没有其他语音，所以 mow 是 3。

toe 脚趾

10。“ta” 是 1，“sa” 是 0，toe 是 10。

tape 磁带

19。“ta” 是 1，“pa” 是 9，tape 是 19。

请合上书，在纸上写下 1~25，然后在旁边写出每个数字对应的语音，再写上我们为该数字创造的图像词，开始吧。

1.____________	10.____________	19.____________
2.____________	11.____________	20.____________
3.____________	12.____________	21.____________
4.____________	13.____________	22.____________
5.____________	14.____________	23.____________
6.____________	15.____________	24.____________
7.____________	16.____________	25.____________
8.____________	17.____________	
9.____________	18.____________	

检查你的列表，看看你做对了多少。如果有错漏，也不必担心，改正过来就好。完成以后，再复习一下，直到你牢记于心。先盖住一边，然后换另一边，交替复习数字和图像词。合上书，开始练习吧。

图像词 1~25: 测验

现在我要考你这二十五个图像词。我给出数字，你要马上说出相应的图像词。也可以请小伙伴大声读出数字，你来说出对应的图像词。如果你是一个人，可以用直尺盖住答案。你已准确知道答案列表，你现在应该着力于提高速度。试着每秒钟做一组（一个数字和对应的图像词为一组）。记住，要大声开口说。

准备好了吗？我们来测试吧。

数字	图像词	中文
8	fee	费用
19	tape	磁带
14	tire	轮胎
25	nail	指甲
21	net	网
11	toad	蟾蜍
7	key	钥匙

13	dam	堤坝
18	TV	电视机
22	nun	修女
15	tail	尾巴
16	dish	盘子
17	tack	大头钉
4	row	排
9	pie	馅饼

你做得怎么样？如果某个数字让你卡住了，例如，数字16，对于1你可能同时想到了“ta”和“da”的语音，这可能会让你犹疑或头脑空白。如果发生这种情况，只要继续练习数字、语音和图像词。像以前一样，大声说出数字，再说出语音，然后说出图像词。在脑子里形象生动地想象图像，你可以借助手写列表的提示。

如果你在前次测验中表现良好，你就可以参加下一次测验了。规则与上一次相同，我将给出数字，你要马上说出对应的图像词。继续努力提高速度，目标是每秒钟一组。

准备好了吗？开始吧。

数字	图像词	中文
1	tie	领带
2	noah	诺亚
3	mow	干草堆

4	row	排
5	law	法律
6	joy	快乐
7	key	钥匙
8	fee	费用
9	pie	馅饼
10	toe	脚趾
11	toad	蟾蜍
12	tin	锡罐
13	dam	堤坝
14	tire	轮胎
15	tail	尾巴
16	dish	盘子
17	tack	大头钉
18	TV	电视机
19	tape	磁带
20	nose	鼻子
21	net	网
22	nun	修女
23	enema	灌肠剂
24	nero	尼禄
25	nail	指甲

如果你的速度达到了要求，恭喜你！如果仍有困难，就多做几次本章的练习，直到图像词能迅速浮现在你的脑海里。坚持下去，你练习得越多，速度就越快。准确率达到百分之百，速度也达标以后，才能继续学习下一章。

通过这一章，你已经把声音和图像刻进了记忆里。听音想象图像是无意识处理信息的方式。学会以这种方式记忆信息后，你就给你的无意识提供了它所需要的软件，你的无意识会用它来处理你想记忆的信息，并尽可能将其快速有效地反馈给你。换句话说，你是在创建一个巨大的档案柜，一个你可以用最快速度访问的档案柜。

复习

为数字创建以语音为基础的图像词汇

1. 淘汰所有元音。
2. 淘汰“h”音和“w”音。
3. 对任何词语只采用前三个语音。
4. 尽可能生动地想象每个图像词。

图像词 1~25

数字	图像词	中文
1	tie	领带
2	noah	诺亚
3	mow	干草堆
4	row	排
5	law	法律
6	joy	快乐
7	key	钥匙
8	fee	费用
9	pie	馅饼
10	toe	脚趾
11	toad	蟾蜍
12	tin	锡罐

13	dam	堤坝
14	tire	轮胎
15	tail	尾巴
16	dish	盘子
17	tack	大头钉
18	TV	电视机
19	tape	磁带
20	nose	鼻子
21	net	网
22	nun	修女
23	enema	灌肠剂
24	nero	尼禄
25	nail	指甲

必做的脑力训练

练习

尽快浏览下列数字或图像词，并大声说出相应的图像词或数字。你要大声开口说，这一点非常重要。否则，你就不能迅速而完整地记住它们。

14 →图像词 ______ ?

2 →图像词 ______ ?

pie →数字 ______ ?

TV→数字 ______ ?

nail →数字 ______ ?

23 →图像词 ______ ?

6 →图像词 ______ ?

dish →数字 ______ ?

tie →数字 ______ ?

nun →数字_____?

8 →图像词 ______ ?

17 →图像词 ______ ?

nose →数字 ______ ?

key →数字 ______ ?

net →数字 ______ ?

3 →图像词 ______ ?

24 →图像词 ______ ?

toad →数字 ______ ?

tin →数字 ______ ?

dam →数字 ______ ?

19 →图像词 ______ ?

14 →图像词 ______ ?

tail→数字 ______ ?

law →数字 ______ ?

toe →数字 ______ ?

第十九章　图像词 26~50

继续学习本章内容之前，我们先对上一章的内容进行测试，以确定你的反应速度已达标。这意味着看到数字必须能立刻说出对应的图像词，反之亦然。测试时最好由同伴说数字，你大声说出相应的图像词，也可用尺子盖住答案自己练习。

你应该在十五秒内完成这份测试列表，准确率要达到百分之百，且不带任何犹疑和卡顿。掌握这份列表对本章的学习至关重要。

准备好了吗？我们开始吧。

数字	图像词	中文
19	tape	磁带
22	nun	修女
6	joy	快乐
17	tack	大头钉
25	nail	指甲
12	tin	锡罐
14	tire	轮胎
16	dish	盘子

15	tail	尾巴
5	law	法律
9	pie	馅饼
11	toad	蟾蜍
21	net	网
18	TV	电视机
23	enema	灌肠剂
1	tie	领带
7	key	钥匙
2	noah	诺亚
8	fee	费用
10	toe	脚趾
3	mow	干草堆
20	nose	鼻子
13	dam	堤坝
24	nero	尼禄
4	row	排

图像词 26~50

接下来，我们继续给 26~50 的数字分派图像词。但这一章我会反过来，先给你一个图像词，你要辨别其中的语音，然后指出它们代表什么数字。同样，最好让伙伴读词，你回答数字；或者自行练习。如果你跟小伙伴一起学习魔术记忆法，就轮流说图像词和数字。

不要忘了给这些词描绘生动的图像。看到我给出的词，就大声说出来。然后，按照引导，辨认并大声说出其中的语音，再说出它们代表的数字。词语的编排无特定顺序。

准备好了吗？我们开始吧。

米——rice [raɪs]，大声说出来，“rice，rice，rice”。“ra，sa。ra 是 4，sa 是 0，rice 是 40。”

女仆——maid [meɪd]，“maid，maid，maid”。“ma，da。ma 是 3，da 是 1，maid 是 31。”

屋顶——roof [ru:f]，“roof，roof，roof”。“ra，fa。ra 是 4，fa 是 8，roof 是 48。”

脖子——neck [nek]，“neck，neck，neck”。“na，ca。na 是 2，ca 是 7，neck 是 27。”

麋鹿——moose [mu:s]，“moose，moose，moose”。“ma，sa。ma 是 3，sa 是 0，moose 是 30。”

邮件——mail [meɪl]，“mail，mail，mail”。“ma，la。ma 是 3，la 是 5，mail 是 35。”

杯子——mug [mʌg]，“mug，mug，mug”。“ma，ga。ma 是 3，ga 是 7，mug 是 37。”

老鼠——rat [ræt]，“rat，rat，rat”。“ra，ta。ra 是 4，ta 是 1，rat 是 41。”

铰链——hinge [hɪndʒ]，“hinge，hinge，hinge”。我们上一章就说过，我们的语音世界里不存在“h”音。下一个音标是“na”，然后是“ja”。“na 是 2，ja 是 6。hinge 是 26。”

小刀——knife [naɪf]，“knife，knife，knife”。“na，fa。na 是 2，fa 是 8，knife 是 28。”

把手——knob [nɒb]，“knob，knob，knob”。“na，ba。na 是 2，ba 是 9，knob 是 29。”

男人——man [mæn]，“man，man，man”。“ma，na。ma 是 3，na 是 2，man 是 32。”

哑剧——mime [maɪm]，“mime，mime，mime”。“ma，ma。ma 是 3，第二个 ma 也是 3，mime 是 33。”

火柴——match [mætʃ]，“match，match，match”。“ma，cha。ma 是 3，cha 是 6，match 是 36。”

电影——movie [ˈmuːvi]，“movie，movie，movie”。现在，你要如何想象一部电影？你可以想象一个电影卷轴，或者电影放映机，电影院，或者一个坐在椅子上拿着喇叭喊话的导演。要尽可能具体形象、生动。我们继续说“movie”。“ma 是 3，va 是 8，movie 是 38。”

拖把——mop [mɒp]，“mop，mop，mop”。“ma，pa。ma 是 3，pa 是 9，mop 是 39。”

犀牛——rhino [ˈraɪnəʊ]，“rhino，rhino，rhino”。“ra，na。ra 是 4，na 是 2，rhino 是 42。”

公羊——ram [ræm]，“ram，ram，ram”。“ra，ma。ra 是 4，ma 是 3，ram 是 43。”

稀有的——rare [reə]，“rare，rare，rare”。“ra，ra。ra 是 4，rare 是 44。”

铁轨——rail [reɪl]，“rail，rail，rail”。“ra，la。ra 是 4，la 是 5，rail 是 45。”

蟑螂——roach [rəʊtʃ]，“roach，roach，roach”。“ra，cha。ra 是 4，cha 是 6，roach 是 46。”

耙子——rake [reɪk]，“rake，rake，rake”。“ra，ca。ra 是 4，ca 是 7，rake 是 47。”

灵犬莱西——lassie [ˈlæsi]，“lassie，lassie，lassie”。“la，sa。la 是 5，sa 是 0，lassie 是 50。”

红宝石——ruby [ˈruːbi]，“ruby，ruby，ruby”。“ra，ba。ra 是 4，ba 是 9，ruby 是 49。”

母马——mare [meə]，“mare，mare，mare”。“ma，ra。ma 是 3，ra 是 4，mare 是 34。”

接下来我先给你数字，然后你要回答图像词。看到（或听到，如果你是和同伴一起做练习）数字后，大声重复一遍，然后大声说出两个语音，再说出图像词。不要忘记为你的图像词创造一个生动的形象，然后重复这一轮操作。如果你记不住语音或图像词，可以看下一行，第二行按顺序给出了答案提示。大声读出来，再练习下一个数字。

准备好了吗？我们开始吧。

26 →语音 ______ 图像词 ______？请大声说出来。

对于 26，你应该想到“na，ja，hinge”。想象一条铰链：“26, na，ja, hinge。”用同样的方法练习下列项目。

27 →语音 ______ 图像词 ______？

na，ca；neck。27，na，ca，neck。

28 →语音 ______ 图像词 ______？

na，fa；knife。28，na，fa，knife。

29 →语音 ______ 图像词 ______？

na，ba；knob。29，na，ba，knob。

30 →语音 ______ 图像词 ______？

ma，sa；moose。30，ma，sa，moose。

31 →语音 ______ 图像词 ______？

ma，da；maid。31，ma，da，maid。

32 →语音 ______ 图像词 ______？

ma，na；man。32，ma，na，man。

33 →语音 ______ 图像词 ______ ？

ma，ma；mime。33，ma，ma，mime。

34 →语音 ______ 图像词 ______ ？

ma，ra；mare。34，ma，ra，mare。

35 →语音 ______ 图像词 ______ ？

ma，la；mail。35，ma，la，mail。

36 →语音 ______ 图像词 ______ ？

ma，cha；match。36，ma，cha，match。

37 →语音 ______ 图像词 ______ ？

ma，ga；mug。37，ma，ga，mug。

38 →语音 ______ 图像词 ______ ？

ma，va；movie。38，ma，va，movie。

39 →语音 ______ 图像词 ______ ？

ma，pa；mop。39，ma，pa，mop。

请合上书，在纸上按顺序竖排写下 26 到 39，然后在数字旁边写下相应的语音，再写下图像词。各栏之间留出一些空间。合上书，开始吧。

对照检查一下，看看你写对了多少个。如果有个别忘记的，也没关系，把它们填上就好。如果你的答案和我的不一致，你可能创造了跟我不同的图像词。比如，31 这个数字，许多人选择了"垫子（mat）"这个词，因为 3 是"ma"，1 也可以是"ta"。垫子（mat）是一幅很好的画面。我选择"女仆（maid）"

只是因为我认为它有更多的想象空间，之后你就明白了。两者都没有错，但现在，正如我说过的，我们还是选用我给出的图像词。如果你的图像词与上面列表中的不同，把它们划掉，填上我提供的图像词。但我再次强调，当你熟练运用魔术记忆以后，就可以随意选用最适合你的方法。

现在拿起你修正好的 26 到 39 的数字清单，盖住一侧，再换另一侧，反复练习，直到看到数字能马上说出图像词，反之亦然。合上书，开始吧。

我们继续练习 40 到 50 的数字。记住，看到数字，要大声读出来。然后找出数字里的两个语音，得到图像词。别忘记给你的图像词创造一个生动的画面。所有的内容，数字、语音、图像词，都要大声说出来。

40 →语音 ______ 图像词 ______ ？

ra，sa；rice。40，ra，sa，rice。

41 →语音 ______ 图像词 ______ ？

ra，ta；rat。41，ra，ta，rat。

42 →语音 ______ 图像词 ______ ？

ra，na；rhino。42，ra，na，rhino。

43 →语音 ______ 图像词 ______ ？

ra，ma；ram。43，ra，ma，ram。

44 →语音 ______ 图像词 ______ ？

ra，ra；rare。 现在，你打算如何描绘 rare？ 也许是一块稀有的宝石或一个罕见的古董。这些都很好，只要它们能让你记得 rare 这个词。现在重复一遍，44，ra，ra，rare。

45 →语音 ______ 图像词 ______ ？

ra，la；rail。45，ra，la，rail。

46 →语音 ______ 图像词 ______ ？

ra，cha；roach。46，ra，cha，roach。

47 →语音 ______ 图像词 ______ ？

ra，ca；rake。47，ra，ca，rake。

48 →语音 ______ 图像词 ______ ？

ra，fa；roof。48，ra，fa，roof。

49 →语音 ______ 图像词 ______ ？

ra，ba；ruby。49，ra，ba，ruby。

50 →语音 ______ 图像词 ______ ？

la，sa；lassie。50，la，sa，lassie。

请在纸上竖排写下 40~50，在数字的旁边写下相应的语音，再写上图像词。合上书，开始吧。

现在检查一下你的列表。如果有些写错了，别担心，订正过来就好。跟之前一样，用我提供的图像词。

跟以前一样，回到你的列表，从正反两个方向练习，直到你看到数字就能想起图像词，反之也一样。大声说出来，为你的词语创造清晰、生动的画面。合上书，开始练习吧。

接下来我们要对数字 26~50 做一个小小的速度练习，我给出数字，你要大声说出语音和图像词。如果你是一个人练习，拿把尺子当助手。如果你和同伴一起，让你的同伴说数字，你说语音和图像词。目标是大约两秒钟完成一组。

准备好了吗？开始吧。

27 →语音 ______ 图像词 ______ ？答案：na，ca；neck

29 →语音 ______ 图像词 ______ ？答案：na，ba；knob

32 →语音 ______ 图像词 ______ ？答案：ma，na；man

34 →语音 ______ 图像词 ______ ？答案：ma，ra；mare

37 →语音 ______ 图像词 ______ ？答案：ma，ga；mug

44 →语音 ______ 图像词 ______ ？答案：ra，ra；rare

48 →语音 ______ 图像词 ______ ？答案：ra，fa；roof

40 →语音 ______ 图像词 ______ ？答案：ra，sa；rice

50 →语音 ______ 图像词 ______ ？答案：la，sa；lassie

26 →语音 ______ 图像词 ______ ？答案：na，ja；hinge

28 →语音 ______ 图像词 ______ ？答案：na，fa；knife

30 →语音 ______ 图像词 ______ ？答案：ma，sa；moose

31 →语音 ______ 图像词 ______ ？答案：ma，da；maid

38 →语音 ______ 图像词 ______ ？答案：ma，va；movie

49 →语音 ______ 图像词 ______ ？答案：ra，ba；ruby

好了，这个练习应该只用了不到三十秒。现在合上书，回到你书写的清单上。接下来用五到十分钟，练习 26~50 的数字。看到数字，确保你能立即想起对应的图像词；看到图像词，确保对应的数字也能立即浮现在你的脑海中。如果你的速度不够快，就继续练习。如果速度已达标，再复习一遍，就可以继续下一个练习了。开始吧。

现在我给你一些图像词，你要大声说出相应的数字。用上尺子助手，或者请你的伙伴说数字。再次强调，速度很重要，这次的速度要比上一个练习更快一点，因为要说的更少一些。你应该试着一秒钟完成一组，总共有十九组，总共应该需要大约二十秒。

准备好了吗？开始吧。

mop →数字 ______？　　答案：39

rat →数字 ______？　　答案：41

ram →数字 ______？　　答案：43

rake →数字 ______？　　答案：47

man →数字 ______？　　答案：32

knob →数字 ______？　　答案：29

lassie →数字 ______？　　答案：50

ruby →数字 ______？　　答案：49

roach →数字 ______？　　答案：46

rail →数字 ______？　　答案：45

rhino →数字 ______？　　答案：42

rice →数字 ______？　　答案：40

match →数字 ______？　　答案：36

mail →数字 ______？　　　　答案：35

mime →数字 ______？　　　　答案：33

maid →数字 ______？　　　　答案：31

moose →数字 ______？　　　　答案：30

neck →数字 ______？　　　　答案：27

knife →数字 ______？　　　　答案：28

如果你还没有跟上速度，请合上书，继续复习。只需依次大声说出数字、语音和图像词。

如果你觉得这个过程很困难，不用担心，把图像词及相应的数字装入大脑信息库是魔术记忆中最困难的部分，这种记忆模式也是我们最终希望摆脱的。然而，就像运动员必须经历一些重复乏味的运动，让肌肉得到充分锻炼，才能发挥其最佳力量。想象你是一个足球或棒球运动员，在比赛场上，你辛苦锻炼出来的肌肉让你挥洒自如的时候，你对这些练习的厌恶都会消失得无影无踪。事实上，这种训练将成为你骄傲的资本。因此，振作起来！同样的原则也适用于此，只是在这里，你要锻炼的“肌肉”其实是你的大脑。

在本章最后一次测试之前，再回顾一下你的列表，确保你能立即想起这些数字和图像词组合。合上书，开始吧。

最后的测试，我给出一个数字，你要立即说出它的图像词。开始之前，请确保你的速度达标，大约每秒钟一组。

准备好了？测试开始吧。

42 →图像词 ______ ？ 答案：rhino

45 →图像词 ______ ？ 答案：rail

32 →图像词 ______ ？ 答案：man

28 →图像词 ______ ？ 答案：knife

38 →图像词 ______ ？ 答案：movie

39 →图像词 ______ ？ 答案：mop

34 →图像词 ______ ？ 答案：mare

33 →图像词 ______ ？ 答案：mime

50 →图像词 ______ ？ 答案：lassie

49 →图像词 ______ ？ 答案：ruby

48 →图像词 ______ ？ 答案：roof

47 →图像词 ______ ？ 答案：rake

46 →图像词 ______ ？ 答案：roach

45 →图像词 ______ ？ 答案：rail

44 →图像词 ______ ？ 答案：rare

40 →图像词 ______ ？ 答案：rice

41 →图像词 ______ ？ 答案：rat

30 →图像词 ______ ？ 答案：moose

32 →图像词 ______ ？ 答案：man

26 →图像词 ______ ？ 答案：hinge

27 →图像词 ______ ？ 答案：neck

如果你记住了所有五十个图像词，也跟上了速度，恭喜你！你进步神速呀！如果你还有不确定的地方，或者速度还没达标，先不要进入下一章节的内容。继续复习，按顺序背诵数字、语音和图像词。你可以在开车的时候，洗澡的时候，或者在任何不影响他人的地方做这个练习。

不要担心，我的许多研讨会学员也认为记忆图像词比较困难，继续坚持下去，你一定会得偿所愿。

复习

图像词 26~50

数字	图像词	中文
26	hinge	铰链
27	neck	脖子
28	knife	小刀
29	knob	把手
30	moose	麋鹿
31	maid	女仆
32	man	男人
33	mime	哑剧
34	mare	母马
35	mail	邮件
36	match	火柴
37	mug	杯子
38	movie	电影
39	mop	拖把
40	rice	米
41	rat	老鼠
42	rhino	犀牛
43	ram	公羊

44	rare	稀有的
45	rail	铁轨
46	roach	蟑螂
47	rake	耙子
48	roof	屋顶
49	ruby	红宝石
50	lassie	灵犬莱西

必做的脑力训练

练习

阅读以下数字或图像词，快速说出相应的图像词或数字。记住要大声说出来。

44 →图像词 ______ ?

36 →图像词 ______ ?

neck →数字 ______ ?

ruby →数字 ______ ?

mop →数字 ______ ?

26 →图像词 ______ ?

50 →图像词 ______ ?

mare →数字 ______ ?

ram →数字 ______ ?

knob →数字 ______ ?

41 →图像词 ______ ?

30 →图像词 ______ ?

movie →数字 ______ ?

rail→数字 ______ ?

man →数字 ______ ?

47 →图像词 ______ ?

28 →图像词 ______ ?

roof →数字 ______ ?

maid →数字 ______ ?

mug →数字 ______ ?

33 →图像词 ______ ?

40 →图像词 ______ ?

mail →数字 ______ ?

roach →数字 ______ ?

rhino →数字 ______ ?

第二十章　图像词 51~75

在我们继续练习下一组图像词前，我们先回顾一下上一章的数字和图像词。在接下来的练习中，我给出数字，你要大声说出它的图像词。你的速度应向每秒钟一组看齐。

准备好了吗？我们开始吧。

数字	图像词	中文
47	rake	耙子
32	man	男人
27	neck	脖子
41	rat	老鼠
37	mug	杯子
39	mop	拖把
31	maid	女仆
42	rhino	犀牛
48	roof	屋顶

你应该在大约十秒钟内完成这个测试，如果有遗忘或不确定的，请回头复习前一章的练习。到目前为止，你应该能立即想起数字 1~50 的语音，以及对应的图像词。

图像词 51~75

这一章我们继续数字 51~75 的图像词。我先给出数字，你要大声说出来，然后看下一行，也要大声读出来。这一行会告诉你，我为这个数字选择的两个语音以及图像词。请在脑海中为这个词创造一个生动、清晰的图像。

我们开始吧。

数字 51

“51”，大声说出来，然后看下一行，也大声读出来。

la，da，lid [lɪd] 盖子。51，la，da，lid。

数字 52

la，na，lion [ˈlaɪən] 狮子。52，la，na，lion。

数字 53

la，ma，lamp [læmp] 灯。53，la，ma，lamp。

数字 54

la，ra，lure [lʊə] 诱饵。想象一个可做诱饵的东西，比如鱼饵。54，la，ra，lure。

数字 55

la，la，lily [ˈlɪli] 百合花。55，la，la，lily。

数字 56

la，sha，leash [liːʃ] 皮带。56，la，sha，leash。

数字 57

la，ca，lock [lɒk] 门锁。57，la，ca，lock。

数字 58

la，fa，leaf [li:f] 叶子。58，la，fa，leaf。

数字 59

la，pa，leap [li:p] 跳跃。59，la，pa，leap。

数字 60

cha，sa，cheese [tʃi:z] 奶酪。60，cha，sa，cheese。

现在我给出图像词，你要说出它的语音和数字。如果你一个人，就用直尺练习；或者让伙伴给你读词，你大声回答语音和数字。

lid →语音 _______ 数字 _______？

答案：la，da；51。

lion →语音 _______ 数字 _______？

答案：la，na；52。

lamp →语音 _______ 数字 _______？

答案：la，ma；53。

lure →语音 _______ 数字 _______？

答案：la，ra；54。

lily →语音 _______ 数字 _______？

答案：la，la；55。

leash →语音 _______ 数字 _______？

答案：la，sha；56。

lock →语音 ______ 数字 ______？

答案：la，ca；57。

leaf →语音 ______ 数字 ______？

答案：la，fa；58。

leap →语音 ______ 数字 ______？

答案：la，pa；59。

cheese →语音 ______ 数字 ______？

答案：cha，sa；60。

现在请合上书，再做些练习。你要按顺序练习 51~60，重复每个数字的语音和图像词。大声说出来，背诵的时候不要忘记给词语创造出生动的图像。如果你跟同伴一起练习，轮流给对方做提示。合上书，开始吧。

你的表现如何？十个组合都记得了吗？如果你有些不记得，回顾上面的清单，再练习一次。

我们继续练习 61~69。我给出数字，你要说出语音和图像词，不要忘记创造形象生动的图像。

数字 61

cha，ta，cheetah [ˈtʃiːtə] 猎豹。61，cha，ta，cheetah。

数字 62

cha，na，chain [tʃeɪn] 锁链。62，cha，na，chain。

数字 63

ja，ma，gym [dʒɪm] 健身房。63，ja，ma，gym。

数字 64

sha，ra，shower [ʃaʊə] 淋浴。64，sha，ra，shower。

数字 65

sha，la，shell [ʃel] 贝壳。65，sha，la，shell。

数字 66

ja，ja，judge [dʒʌdʒ] 法官。66，ja，ja，judge。

数字 67

sha，ca，sheik [ʃeɪk] 酋长。67，sha，ca，sheik。

数字 68

Sha，va，shave [ʃeɪv] 刮胡子。68，sha，va，shave。

数字 69

ja，pa，jeep [dʒi:p] 吉普车。69，ja，pa，jeep。

好了，我们接着复习。我给出图像词，你要说出语音和数字，然后再把所有三项内容重复一遍。用直尺，或让伙伴读给你听，记得创造形象生动的图像。

cheetah →语音 _______ 数字 _______ ？

答案：cha，ta；61。cheetah，cha，ta，61。

chain →语音 _______ 数字 _______ ？

答案：cha，na；62。chain，cha，na，62。

gym →语音 _______ 数字 _______ ？

答案：ja，ma；63。gym，ja，ma，63。

shower →语音 _______ 数字 _______ ？

答案：sha，ra；64。shower，sha，ra，64。

shell →语音 _______ 数字 _______ ？

答案：sha，la；65。shell，sha，la，65。

judge →语音 _______ 数字 _______ ？

答案：ja，ja；66。judge，ja，ja，66。

sheik →语音 _______ 数字 _______ ？

答案：sha，ca；67。sheik，sha，ca，67。

shave →语音 _______ 数字 _______ ？

答案：sha，va；68。shave，sha，va，68。

jeep →语音 _______ 数字 _______ ？

答案：ja，pa；69。jeep，ja，pa，69。

请合上书，背诵刚刚学的内容。按顺序大声重复 61~69 的数字，以及数字的语音和对应的图像词。开始吧。

接下来我们继续 70~75 的数字。我给你数字，你要重复它，以及它的语音。然后再看下一行，大声读出来，给每个词创造形象生动的图像。

数字 70

ca，sa，case [keɪs] 情况。70，ca，sa，case。

数字 71

ca，ta，cat [kæt] 猫。71，ca，ta，cat。

数字 72

ca，na，coin [kɔɪn] 硬币。72，ca，na，coin。

数字 73

ca，ma，comb [kəʊm] 梳子。73，ca，ma，comb。

数字 74

ca，ra，car [kɑː] 汽车。74，ca，ra，car。

数字 75

ca，la，coal [kəʊl] 煤炭。75，ca，la，coal。

现在回顾一下刚才的学习。我给出图像词，你来说语音和数字，然后把三项都重复一遍。

case →语音 _______ 数字 _______ ？

答案：ca，sa；70。case，ca，sa，70。

cat →语音 _______ 数字 _______ ？

答案：ca，ta；71。cat，ca，ta，71。

coin →语音 _______ 数字 _______ ？

答案：ca，na；72。coin，ca，na，72。

comb →语音 _______ 数字 _______ ？

答案：ca，ma；73。comb，ca，ma，73。

car →语音 _______ 数字 _______ ？

答案：ca，ra；74。car，ca，ra，74。

coal →语音 _______ 数字 _______ ？

答案：ca，la；75。coal，ca，la，75。

coin →语音 _______ 数字 _______ ？

答案：ca，na；72。coin，ca，na，72。

case →语音 _______ 数字 _______ ？

答案：ca，sa；70。case，ca，sa，70。

coal →语音 _______ 数字 _______ ？

答案：ca，la；75。coal，ca，la，75。

comb →语音 _______ 数字 _______ ？

答案：ca，ma；73。comb，ca，ma，73。

car →语音 _______ 数字 _______ ？

答案：ca，ra；74。car，ca，ra，74。

cat →语音 _______ 数字 _______ ？

答案：ca，ta；71。cat，ca，ta，71。

请合上书，复习一下我们在本章中的 51~75 的图像词。跟前几章一样，手写一个书面清单，在纸的左边写上 51~75，在每个数字旁边写下语音和图像词。然后盖住一边，测试自己的掌握程度，再换另一边。合上书，开始练习吧。

现在我们要练习速度啦。如果你跟小伙伴一起，让你的小伙伴说数字，你来答语音和图像词。如果你是一个人，就依次说出数字、语音和图像词。不断加快速度，直到可以在三个项目之间毫不犹豫地切换。用时五分钟、十分钟或二十分钟，不管多久，直到把所有内容记在心里。

接下来我们进行测试。我给出数字，你来说相应的语音和图像词。加快节奏，目标是两秒钟一组。

当然，准确率也要保证。如果你对某些组合还不太确定，先重做上面的练习，然后再回来。用上尺子助手，或者最好有一个同伴帮你读数字。

准备好了吗？开始吧。

数字	**语音**	**图像词**
52	la，na	lion
66	ja，ja	judge
61	cha，ta	cheetah
60	cha，sa	cheese
58	la，fa	leaf
57	la，ca	lock
55	la，la	lily
74	ca，ra	car
70	ca，sa	case
67	sha，ca	sheik
65	sha，la	shell
62	cha，na	chain

如果你还没能跟上速度，继续多加练习。如果你的速度已达标，就反向练习，即先说图像词，然后说出对应的语音和数字。重要的是，你看到数字能想到图像词，反之亦然。合上书，开始做练习吧。

好了，我现在要再考考你，这次我给出图像词，你要说出对应的数字。这个测试是为了看看你“召唤”信息的速度是否达标。

准备好了吗？每秒钟一组，开始吧。

cat →数字 _______?　　答案：71

coal →数字 _______?　　答案：75

lily →数字 _______?　　答案：55

cheetah →数字 _______?　　答案：61

leap →数字 _______?　　答案：59

leaf →数字 _______?　　答案：58

lock →数字 _______?　　答案：57

lure →数字 _______?　　答案：54

shave →数字 _______?　　答案：68

jeep →数字 _______?　　答案：69

shell →数字 _______?　　答案：65

coin →数字 _______?　　答案：72

leap →数字 _______?　　答案：59

cheese →数字 _______?　　答案：60

如果你的准确率和速度双双达标，恭喜你！到目前为止，你已经学会七十五个数字的图像词，很快就要达到一百个的目标了。记住，不要疏于练习，要养成习惯，随时随地复习，随意说一个 1~75 之间的数字，然后大声说出它的语音和图像词。

复习

图像词 51~75

数字	图像词	中文
51	lid	盖子
52	lion	狮子
53	lamp	灯
54	lure	诱饵
55	lily	百合花
56	leash	皮带
57	lock	挂锁
58	leaf	叶子
59	leap	跳跃
60	cheese	奶酪
61	cheetah	猎豹
62	chain	锁链
63	gym	健身房
64	shower	淋浴
65	shell	贝壳
66	judge	法官
67	sheik	酋长
68	shave	刮胡子

69	jeep	吉普车
70	case	事情
71	cat	猫
72	coin	硬币
73	comb	梳子
74	car	汽车
75	coal	煤炭

必做的脑力训练

练习

快速阅读下列数字或图像词，说出相应的图像词或数字。记住要大声开口说。

73 →图像词 _______ ?

64 →图像词 _______ ?

judge →数字 _______ ?

lamp →数字 _______ ?

car →数字 _______ ?

56 →图像词 _______ ?

69 →图像词 _______ ?

chain →数字 _______ ?

case →数字 _______ ?

lure →数字 _______ ?

61 →图像词 _______ ?

51 →图像词 _______ ?

coin →数字 _______ ?

gym →数字 _______ ?

lily→数字 _______ ?

75 →图像词 _______ ?

67 →图像词 _______ ?

shave →数字 _______ ?

leaf →数字 _______ ?

cat →数字 _______ ?

60 →图像词 _______ ?

52 →图像词 _______ ?

shell →数字 _______ ?

leap →数字 _______ ?

lock →数字 _______ ?

第二十一章　图像词 76~100

到目前为止，我们已经学习了 1~75 的图像词。在继续学习 76~100 的图像词前，我们先来快速复习一下我们学过的图像词。我给出一个数字，你要大声说出它的图像词。不要犹豫，马上做出反应。

开始吧。

数字	图像词	中文
39	mop	拖把
14	tire	轮胎
50	lassie	灵犬莱西
66	judge	法官
5	law	法律
75	coal	煤炭
56	leash	皮带
20	nose	鼻子
42	rhino	犀牛
29	knob	把手

图像词 76~100

现在我们继续学习数字 76~100。和以前一样，我给你一个数字，你要重复这个数字，然后大声读出下一行。要大声开口说，并为图像词想象出生动的画面。

我们开始吧。

数字 76

ca，ja，cage [keɪdʒ] 笼子。76，ca，ja，cage。

数字 77

ca，ca，cake [keɪk] 蛋糕。77，ca，ca，cake。

数字 78

ca，fa，coffee [ˈkɒfi] 咖啡。78，ca，fa，coffee。

数字 79

ca，pa，cap [kæp] 帽子。79，ca，pa，cap。

数字 80

va，sa，vase [veɪs] 花瓶。80，va，sa，vase。

数字 81

fa，ta，fat [fæt] 脂肪。81，fa，ta，fat。

数字 82

fa，na，fan [fæn] 风扇。82，fa，na，fan。

数字 83

fa，ma，foam [fəʊm] 泡沫。83，fa，ma，foam。

数字 84

fa，ra，fry [fraɪ] 油炸。84，fa，ra，fry。

数字 85

fa，la，file [faɪl] 文件。85，fa，la，file。

请合上书，做一个口头练习。你要说出 76~85 的数字、语音和图像词——凭记忆说，不要动笔。你可以和小伙伴一起练习。目前还不需要考虑速度，只要确保你已经把 76~85 的三项内容记在脑子里。合上书，开始练习吧。

我们继续学习其他图像词。

数字 86

fa，sha，fish [fɪʃ] 鱼。86，fa，sha，fish。

数字 87

fa，ga，fig [fɪg] 无花果。87，fa，ga，fig。

数字 88

fa，fa，fife [faɪf] 横笛。88，fa，fa，fife。

数字 89

va，pa，VP 副总统（Vice President）。我选择用“副总统”的缩写“VP”。你也可以想象一个副总统的样子，或者任何可以让你联想到现任或其他任期的副总统的东西都可以。89，va，pa，VP。

数字 90

ba，sa，bus [bʌs] 公共汽车。90，ba，sa，bus。

现在口头复习一下数字 76~90。大声说出数字、语音和图像词！同时在脑子里生动地想象出每个词的图像。如果你和伙伴一起练习，轮流给对方说数字。合上书，开始吧。

接下来我们继续学习 91~100。

数字 91

ba，ta，boat [bəʊt] 小船。91，ba，ta，boat。

数字 92

ba，na，bone [bəʊn] 骨头。92，ba，na，bone。

数字 93

pa，ma，palm [pɑːm] 手掌。93，pa，ma，palm。

数字 94

ba，ra，beer [bɪə] 啤酒。94，ba，ra，beer。

数字 95

ba，la，ball [bɔːl] 球。95，ba，la，ball。

数字 96

pa，cha，peach [piːtʃ] 桃子。96，pa，cha，peach。

数字 97

pa，ga，pig [pɪg] 猪。97，pa，ga，pig。

数字 98

ba，va，beehive [ˈbiːhaɪv] 蜂窝。注意，这个词里只有两个

语音，虽然看起来很长，但我们的语音系统里没有“h”音，所以这个词只有“ba”和“v”音，“ba”和“va”。98，ba，va，beehive。

数字 99

pa，pa，pipe [paɪp] 烟斗。99，pa，pa，pipe。

数字 100

da，sa，sa，daisies [ˈdeɪziz] 雏菊。100，da，sa，sa，daisies。这是我们唯一一个三音节词。

现在口头复习 91~100 的数字。大声说出数字、语音和图像词，并给每个词描绘出生动的画面。合上书，开始吧。

我们再回头复习一下。我给出部分刚刚学过的图像词，你要在脑子里生动地想象这个词的图像，大声说出它的语音以及对应的数字。如果你一个人练习，尺子是个好帮手；如果你和伙伴一起，让你的同伴说图像词，你来回答语音和相应的数字。

我们开始吧。

cake →语音 ________ 数字 ________?

答案：ca，ca；77。

fat →语音 ________ 数字 ________?

答案：fa，ta；81。

foam →语音 ________ 数字 ________?

答案：fa，ma；83。

file →语音 ________ 数字 ________?

答案：fa，la；85。

fife →语音 ________ 数字 ________?

答案：fa，fa；88。

boat →语音 ________ 数字 ________?

答案：ba，ta；91。

palm →语音 ________ 数字 ________?

答案：pa，ma；93。

ball →语音 ________ 数字 ________?

答案：ba，la；95。

pig →语音 ________ 数字 ________?

答案：pa，ga；97。

pipe →语音 ________ 数字 ________?

答案：pa，pa；99。

cage →语音 ________ 数字 ________?

答案：ca，ja；76。

cap →语音 ________ 数字 ________?

答案：ca，pa；79。

coffee →语音 ________ 数字 ________?

答案：ca，fa；78。

fan →语音 ________ 数字 ________?

答案：fa，na；82。

fry →语音 ________ 数字 ________?

答案：fa，ra；84。

现在我们来书面复习数字 76~100。在纸的左边写下 76~100，在每个数字旁边写下语音和相应的图像词。然后盖住右边，确保你看着数字能够说出正确的语音和图像词；再盖住左边，确保你能说出每个图像词的语音和相应的数字。多多练习，直到你能毫不犹豫说出相应的项目。合上书，开始吧。

以下是本章的第一个测试。我给出数字，你要说出语音和图像词。要快速反应，速度很重要。跟之前一样，尽量做到每秒钟一组。如果你的准确率还有待提高，回头继续做上面的口头练习，然后再来测试。

准备好了吗？我们开始吧。

76 →语音 ________ 图像词 ________？

答案：ca，ja；cage。

77 →语音 ________ 图像词 ________？

答案：ca，ca；cake。

78 →语音 ________ 图像词 ________？

答案：ca，fa；coffee。

79 →语音 ________ 图像词 ________？

答案：ca，pa；cap。

80 →语音 ________ 图像词 ________？

答案：va，sa；vase。

81 →语音 ________ 图像词 ________？

答案：fa，ta；fat。

82 →语音 ________ 图像词 ________?

答案：fa，na；fan。

83 →语音 ________ 图像词 ________?

答案：fa，ma；foam。

84 →语音 ________ 图像词 ________?

答案：fa，ra；fry。

85 →语音 ________ 图像词 ________?

答案：fa，la；file。

86 →语音 ________ 图像词 ________?

答案：fa，sha；fish。

87 →语音 ________ 图像词 ________?

答案：fa，ga；fig。

88 →语音 ________ 图像词 ________?

答案：fa，fa；fife。

89 →语音 ________ 图像词 ________?

答案：va，pa；VP。

90 →语音 ________ 图像词 ________?

答案：ba，sa；bus。

91 →语音 ________ 图像词 ________?

答案：ba，ta；boat。

92 →语音 ________ 图像词 ________?

答案：ba，na；bone。

93 →语音 ________ 图像词 ________？

答案：pa，ma；palm。

94 →语音 ________ 图像词 ________？

答案：ba，ra；beer。

95 →语音 ________ 图像词 ________？

答案：ba，la；ball。

96 →语音 ________ 图像词 ________？

答案：pa，cha；peach。

97 →语音 ________ 图像词 ________？

答案：pa，ga；pig。

98 →语音 ________ 图像词 ________？

答案：ba，va；beehive。

99 →语音 ________ 图像词 ________？

答案：pa，pa；pipe。

100 →语音 ________ 图像词 ________？

答案：da，sa，sa；daisies。

现在我们练习速度。跟伙伴一起练习更好，但自己也可以。请你的伙伴说数字，你回答相应的语音和图像词。如果你是一个人练习，就依次说出这三项，目标是每秒钟一组。记住，大声说出来。合上书，开始吧。

如果你的速度达标，恭喜你！现在，你已经记住了 1~100

的图像词。

阅读下一章之前，请先做一遍复习，练习三个项目的相互转换，确保你能快速准确地完成这些练习。数字和图像词是一体的，见此思彼，彼此相顾，这一点非常重要，我怎么强调都觉得不够。此时此刻，你应该把它们完完整整刻进了记忆里。

你可能知道，学完魔术记忆的第一部分内容以后，你的记忆力已经提高了很多。现在，你肯定更进了一大步！通过学习数字、语音和图像词，你已经达到了记忆力的高级水准，我由衷地祝贺你！我想让你知道，我为你的不懈努力感到骄傲——这是魔术记忆训练项目中最为艰难的部分，而你坚持了下来！最重要的是，你一定很期待超强记忆力给你带来的益处。

复习

图像词 76~100

数字	图像词	中文
76	cage	笼子
77	cake	蛋糕
78	coffee	咖啡
79	cap	帽子
80	vase	花瓶
81	fat	脂肪
82	fan	风扇
83	foam	泡沫
84	fry	油炸
85	file	文件
86	fish	鱼
87	fig	无花果
88	fife	横笛
89	VP	副总统
90	bus	公共汽车
91	boat	小船
92	bone	骨头
93	palm	手掌

94	beer	啤酒
95	ball	球
96	peach	桃子
97	pig	猪
98	beehive	蜂窝
99	pipe	烟斗
100	daisies	雏菊

必备的脑力训练

练习

快速浏览以下数字或图像词，大声说出相应的图像词或数字。

85 →图像词 _______ ?

93 →图像词 _______ ?

fan →数字 _______ ?

beer →数字 _______ ?

pig→数字 _______ ?

100 →图像词 _______ ?

76 →图像词 _______ ?

79 →图像词 _______ ?

file→数字 _______ ?

VP →数字 _______ ?

94 →图像词 _______ ?

98 →图像词 _______ ?

77 →图像词 _______ ?

beehive →数字 _______ ?

daisies →数字 _______ ?

cap→数字 _______ ?

82 →图像词 _______ ?

92 →图像词 _______ ?

fig →数字 _______ ?

fife →数字 _______ ?

peach →数字 _______ ?

cake →数字 _______ ?

80 →图像词 _______ ?

90 →图像词 _______ ?

palm →数字 _______ ?

第二十二章　进阶记忆姓名

休息一下，别去想语音字母和一百个图像词，先让它们暂时离开你的无意识。因为你已经记住了它们，它们将会在后续章节中为你所用。

本章我们回到我最喜欢的一个主题——记忆名字。在本书的第一部分，你学习了记忆名字的基本技巧。它包括三个步骤：（1）挑选一个视桩，即你看到一个人第一眼注意到的东西。（2）听到某人的名字后，将其分解成音节，并想象出读音相似的图像来表示这些音节。（3）用夸张的动作将谐音图像固定在视桩上。

这三个步骤只是基本功，你还可以通过一些技巧来加强上述定桩的过程。这些技巧是我在多年的旅行和跟人打交道的过程中总结出来的。这些技巧不需要花很多心力练习，你只需要知道在不同情况下有不同的选择，很容易就可以学会它们。

初次见面的四条准则

初次与人见面时，遵循以下四条准则有助于你记住对方的名字。

1. 跟人握手或打招呼时，先向对方介绍自己。

2. 对方介绍自己的名字时，跟着重复一遍。

3. 问关于名字的问题，并谈谈此人的名字。

4. 对遇到的人表现出你的真诚与关切。

准则 1：跟人握手或打招呼时，先向对方介绍自己。

与人见面握手或打招呼时，先自我介绍非常重要，这表示你愿意分享重要的事，而且要报上你的全名，接着对方也会提供给你很多的信息。

一般来说，你告诉对方你的名字时，对方十有八九也会觉得有义务说出自己的名字来回馈你。因为你已经敞开心门，对方也会愿意这样对待你。影响一场对话的因素很多，但至少你们都以一种非常微妙而又真实的方式打破了僵局。

然而，有时候，对方不会对你的问候给予相当的回应。坦率地说，我遇到这种情况也会觉得惊讶，因为我并没有伸出手跟他们要钱呀。我猜想他们要么是因为害羞，要么是出于戒心，要么是由于种种原因需要进一步的提示。在这种情况下，我的建议是不要太往心里去，你可以坚定但温和地、自然地发问："您的大名是？"或者在交谈几句之后，对方仍然没有透露他们的名字，你可以说："很抱歉，我还不知道您的大名呢。"这样直接提醒后，对方通常会给你回应。

准则 2：对方介绍自己的名字时，跟着重复一遍。

如果对方说了他们的全名——如果你给他们的是你的全名，他们一般也会报上自己的全名——你就把名和姓都重复一遍。“嗨，我是凯文·特鲁多。”“你好，我叫马特·古尔克。”“马特·古尔克，很高兴见到你。”

我们在第一部分中说过，大声说出来能加强你对名字的记忆。名字跟其他词语一样，其实不过是声音的组合。声带参与到复述过程中，能起到调适作用。重复时，你的声带会养成该声音组合的发音习惯，大脑中的神经递质会随之活跃起来，创造出另一种记忆模式，即激活神经肌肉的记忆。魔术记忆的整个学习过程中，我一直要求你大声说出来。在学习语音和图像词时，这样做可以加强声音与图像之间的联系，因此尤其重要。对于外语、外国名字以及抽象概念，你若想记住它们，大声开口说也很重要，让声带重现这些声音有助于将它们植入记忆中。

如果你第一次没有听清某人的名字，不要羞于请对方重复说清楚。有些时候我们没有听清楚，往往就囫囵过去了，我们更在意对方说的其他事情。但请记住，从长远来看，不论何人，名字是你能记住的关于对方最重要的信息。不过，你要怎么记住你此前并不知道的东西呢？

对于外国人的名字来说，这个问题更为突出。你可能已经听清了，但因为它对你来说非常陌生，你没能快速处理这个信息，这个名字就没能存入记忆。这种情况发生时，你可以请对方重复名字，再询问具体如何发音。

例如，我在一次商务旅行中遇到一个印度人，名叫帕迪·沙维克（Pardy Shaveik）。我们第一次互相介绍时，他把自己的名字说得很清楚，我也听到了。但因为不熟悉，我心中还是存有疑问。于是我问他："你能不能再说一遍呢？"他相当乐意："帕迪·沙维克（Pardy Shaveik）。"我大声重复了一遍，然后问："我说对了吗？我以前还没遇到过印度人。"为了确保我能正确记住他的名字，我放慢了整个介绍过程。根据我的经验，在这样的情况下，人们通常都会非常乐意配合，因为你对他们非常重要的事情表现出了兴趣。在人们的经验中，很少有人肯在这件事情上花费心力。

准则 3：问关于名字的问题，并谈谈此人的名字。

对某人的名字提问和讨论不仅可以加强对其名字的记忆，还能显示你对对方的兴趣。在上面的例子中，我向沙维克（Shaveik）先生询问了他名字的来源，他来自印度的哪个地区，以及一大堆其他问题。这不仅给了我一个很好的机会，让我得以多次重复他的全名，还可以自然地过渡到其他话题。

谈论一个人的名字时，你可以借鉴一些基本的问题。你的名字怎么拼写？有什么民族背景吗？它是否有文学含义或者其他深意？它是否是某个较长的名字的缩略用法？你婚前的姓氏是什么？它在某个地区常见吗？提问方法多种多样，只受限于你的想象力和时间。

下面是一次典型的对话。你刚刚认识了一个人，他的名字相当复杂，比如哈里•维斯诺斯基（Harry Wysnoski）。你可以先问问他怎么读，然后你跟着重复这个名字，说："这是个有趣的名字。这个名字有什么文化背景吗？你是波兰人吗？"维斯诺斯基（Wysnoski）先生回答说："对，我是波兰人。"与此同时，你可以快速做一个定桩练习——"wiz-nos-ski"，我把他的姓氏拆解成三个音节，再给它们创建谐音图像。或者你也可以试着多问几个问题，你可以问："这个名字在波兰有什么特别的含义吗？"也可以问："这个名字有什么演变过程吗？"这样你们就可以进一步展开讨论了。

有些人担心问这些问题会冒犯到他人。当然不会——记住，你是在讨论他们自己最喜欢的话题，我还没有遇到过不喜欢谈论自己名字的人。

那些简单的名字谈论起来反而更有挑战。比如，遇到一个叫比尔•史密斯（Bill Smith）的人，你提问的范围就会受局限。如果你问比尔•史密斯（Bill Smith）他的名字要怎么拼写，他可能会觉得你是不是不识字。你最多可能问问："史密斯（Smith），中间是 i 还是 y？"

你可以说这个名字很容易记，再念一遍。如果你自己的名字比较长或比较难记，这招特别管用。当然，我们的定桩技巧也可以派上用场。在比尔•史密斯（Bill Smith）的例子中，我已经给名字和姓氏想象了可以反复使用的图像：用美元钞票（dollar bills）表示比尔（Bill），用铁匠（blacksmith）在铁砧前弯着腰的样子表示史密斯（Smith）。不用说，我常常“召唤”它们。

谈话时，尽可能多提及这个名字。例如，提问时多用名字称呼他们。“你是从这个地区过来的吗，比尔？”“比尔，很高兴见到你。”“比尔，你是想在这里找一张桌子吗？”“你做的是什么类型的工作，比尔？”“你有孩子吗，比尔？”当然，不要太过火，但这样几次之后，你很快就能记住对方的名字。

准则 4：对遇到的人表现出你的真诚与关切。

本书第一部分我们已经讨论过这个内容，我想在这里分享一个奇妙的故事，再次说明它的重要性。这个故事的主人公是戴尔•卡耐基，他在世纪之交被视为美国最伟大的演说家，也是畅销至今的《如何赢得朋友及影响他人》一书的作者。任何聚会，他一出席，必然轰动至极。因此他收到的社交活动邀请络绎不绝，许多政要和社会名流都会出现在这些活动上，但他拒绝了大部分邀请。有次比较特殊，他接受了邀请。

女主人很兴奋，因为她宴会上的很多客人，都期待着可以见到卡耐基先生。他进来做过自我介绍后，女主人急忙向他问好。谈话的内容是这样的：

“卡耐基先生，你能到来我真是太高兴了！我听闻你是世界上最伟大的演讲者！”

卡耐基先生泰然从容地点点头，说：“嗯，谢谢你。我很欣赏这个评价。”

“我知道你在世界各地举办研讨会，讲授如何成为一个伟大的演讲者。”

“是的，我确实开了很多研讨会。”

“你的探险旅途中，一定发生了很多精彩的故事，可以跟我们分享一下吗？”

卡耐基先生回答道：“我有许多有趣的故事想要分享。但我想先问你一个问题。有人告诉我，你最近去了非洲旅行，是真的吗？”

女主人点了点头，说：“嗯，实际上，那是两年半以前的事了，但我确实去过非洲。”

“你知道，我去过很多地方，却从来没有去过非洲，”卡耐基先生跟她说，“非洲到底是什么样子的？”

然后她开始讲述非洲的故事。

女主人在谈论她的非洲之旅时，这位伟大的演讲者微笑着，时不时点头赞同，偶尔提几个问题。他们道别之后，当晚其余时间没有再交谈。第二天，《纽约时报》在其社会专栏中刊登了一篇报道这次聚会的文章，并引用了女主人的一句话：“昨晚我有幸见到了被誉为世界上最伟大的演讲者的戴尔·卡耐基先生。我们交谈了四十多分钟，我同宾客们都一致同意——他确实是世界上最伟大的交谈对象！”

卡耐基在这四十多分钟里做了什么？他只是认真倾听着。他巧妙地把话题转到对方最喜欢的话题，也就是她自己身上，并对交谈对象表现出了真正的兴趣，这样的谈话方式可谓美妙高超。

记忆姓名的其他技巧

经常有人问我：“凯文，如果我参加一个聚会，主人把我同时介绍给四五个人，我该怎么做呢？”

有两个方法。熟练掌握了魔术记忆技巧后，你一眼就能挑选出每个人的视桩，同时想出谐音图像。比如，主人在滔滔不绝地向你介绍其他人：“这是比尔•约翰逊，这是玛丽•史密斯，哈里•贾伯……”你听到第一个名字的时候，脑子里会立刻浮现相应的画面，因为你已经有图像词。你可以在两秒内把名字的图像固定在视桩上，有时你可以把姓氏也一起贴上去，有时则来不及。

第二个办法是先控制住整个局面，不要自乱阵脚。参加团体活动时，如果主人说“我给大家介绍一下你”时，我会说：“不，别客气，我还是自己去一一认识他们吧。”这样通常会给我争取到更多的时间来适应。

如果主持人匆匆忙忙就开始向你介绍各方来客，你怎么办？应付这种情况，我也有一招。比如，我首先被介绍给比尔•约翰逊先生。和约翰逊先生握手时，我会尽量背对其他人，也不会放开约翰逊先生的手。我说：“比尔•约翰逊？很高兴认识你，比尔。”然后我会跟之前说的一样，说些别的东西给自己争取宝贵的几秒钟，将他的名字记在脑子里。这样做给了我时间来观察对方，以及了解一些其他东西。

很多时候我会狡猾地使些小伎俩。尽管完全听清了对方的名字，我还是会说：“抱歉，我没太听清楚。你的尊姓大名是什么来着？”“比尔·约翰逊。”“哦，比尔·约翰逊。谢谢你。”在对方自我介绍后，立即请他们复述名字，跟几分钟过后再问“抱歉，再次请教尊姓大名”是不同的。前者是你在告诉对方你刚开始没有听清楚他的名字，后者是你在告诉他们你已经忘记了他的名字，二者有着天壤之别。

如有必要，不要害怕跟对方讨要名片。当然，名片只是一个拐杖，不是记忆技巧，但也是个好东西，以防万一某天你忘记。

预先记忆

预先记忆是指在任何活动、商务会议或其他社交场合中，跟人打招呼之前，预先熟悉一下宾客的名字。参加社交活动或会议时，走进活动场所前，先花几分钟时间浏览一遍登记表或客人名单。

你也可以从办公室下手。看看布告栏、办公桌上的名牌，留意墙上罗列着各人员名单的图表。接待区可能有办公室信箱，上面列出了每个员工的名字。有些办公区会把员工照片都展示在墙上，下面还对应标出了姓名，这简直是意外之喜。如果我预约了一场会面，我可以在真正会面之前，事先知道对方的名字，自己轻声默念几遍，再给他的名字想象一个图像。见面问候时，我就可以选出视桩，对方告诉我他的名字时，我早已准备就绪。处处留心，寻找时机预先记忆，商务通话和社交活动中永远不乏机会——眼观六路，机会总是留给有准备的人。

有些聚会或会议没有宾客名单或登记簿，但你仍然可以提前预先记忆，只要多开口多提问，比如问问主持人这个或那个人叫什么名字。你可以事先将他的名字转化成图像，并提前选好一个视桩，这样你走过去跟对方握手时，你的工作已经完成了大半。

还有两个小提示。第一个提示是，如果你觉得自己见面和问候的人数已达极限，可以先把自己藏起来几分钟。如果不想一下子见太多人，我就会跑去洗手间或者蹭到咖啡壶旁边，假装翻些小册子或者其他材料。实则我是在回想刚才认识的人，在脑子里翻看他们的名字、视桩，或者其他有趣有料的信息。我会轻声自语他们的名字，让声带形成记忆，适应这些名字的发音。

第二个提示是，如果你要去参加团体活动，比如出席某个会议，你通常可以提前打电话，获取与会者名单。这个做法对我有很大的帮助，这样我就可以在航班上花上半个小时，预先熟悉这些名字。因为每个名字在我脑子里几乎都存有了对应的图像词，所以我看完一份五十或一百人甚至更多人的名单，通常只需要半小时。

当然，姓氏会难一点，但我还是会尝试记住它们。按我认为正确的方式读出来，将其按音节分解，再转化成图像。我不苛求自己万无一失，因此不会感到有压力。我说过，无趣的事情不值得一做。所以我保持放松，把它当作一场游戏，就像我在书中一直强调你要做到的那样。如果有朋友或同事随行，我会请他们参与进来一起玩，我们会度过一段快乐的飞行时光。

剩下的只有挑选视桩这一项了，这需要留到见面以后才能做。有人向你介绍他们的名字时，就把预先想象好的图像贴到视桩上——也就几秒钟的事情。当你要去见五十、一百甚至两百个人时，预先记忆是非常有效的技巧。

不要忘记你的问候有多么重要。与人握手的时候，要真诚地握住——不要像死鱼一样，要用另一只手轻触对方的肩膀或上臂，看着他们的眼睛。你的一举一动都在向他人表明，你对他们充满兴趣，并想要记住他们，人们也必然会以真心回报你。记住别人的名字是一种力量，不要低估这种力量，这是一种诚实的奉承，没有人能拒绝这种力量。

记忆姓名

1. 为你想记住名字的人挑选一个视桩。
2. 把名字分解成音节，再把音节转化成图像。
3. 将图像固定在视桩上。

初次见面的四条准则

1. 跟人握手或打招呼时，先向对方介绍自己。
2. 对方介绍自己的名字时，跟着重复一遍。
3. 问关于名字的问题，并谈谈此人的名字。
4. 对遇到的人表现出你的真诚与关切。

预先记忆

在任何活动、商务会议或其他社交场合中，跟人打招呼之前，预先熟悉对方的名字。

必备的脑力训练

练习1

为了复习我们在第一部分中所学的知识，请练习记忆你今天遇到的五个人的名字，结合使用本章所讨论的小技巧。

练习2

下次去参加任何活动或会议时，留意一下你可以用多少种方法预先熟悉出席者的姓名。

第二十三章　记忆长数字

你在语音和图像词部分所做的努力，本章节会回报给你N倍的惊喜！

继续学习之前，请花十分钟时间复习1到100的语音和图像词，速度越快越好。合上书，说一个数字，然后说出它的语音和图像词。比如，“78，ca，fa，coffee”或“58，la，fa，leaf”。数字、语音、图像词，按照这个顺序复习。别忘了要大声说出来，同时在脑子里生动地想象这些词的图像。开始复习吧。

将长数字转化为图像

我们为数字1到100创造图像词的系统对任意长度的数字同样适用。如果一个数字很大，或者很长很复杂，你可以通过把它分解成一个个小部分，这样轻轻松松就能记住。这也是贯穿我们整个魔术记忆程序的方法。我们记忆名字时，先将名字分解成音节，处理数字时也可以用同样的方法，将数字分解成语音和图像词来记忆。

数字 142

我们用语音把它转化成一个图像。这个数字里的三个语音是什么？“ta”或“da”代表 1，“ra”代表 4，“na”代表 2。大声重复这三个语音，“ta-ra-na”或“da-ra-na”。“ta-ra-na，da-ra-na”“t-r-n”“d-r-n”。你可以往里面添加哪些元音来创造图像词呢？“train [treɪn] 火车”或者“drain [dreɪn] 排水”怎么样？很简单吧。我们再做几个练习，确保你理解了具体做法。练习时，注意大声说出引号内的内容，尽可能生动地想象每个词语。

数字 347

第一个语音是“ma”，代表 3；语音“ra”代表 4；7 可以是“ca”或“ga”。我们可以读成“ma-ra-ca”或“ma-ra-ga”。我想不出同时包含“m”“r ”和“g”音的词，所以我选择“mark [mɑːk] 标记”来代替“ma-ra-ca”。你可以想象支票上的标记或者家具、汽车上的划痕。所以“mark”等于 347。

数字 491

4 是“ra”，9 是“pa”或“ba”，1 是“ta”或“da”。491 可以读成“ra-pa-ta”“ra-pa-da”。“ra-ba-ta”“ra-pa-da”，反复念几次这些组合，你想到了什么？我想到了“rabbit [ˈræbɪt] 兔子”，刚好是“r”“b”和“t”音的组合。数字 491 可以用一只毛茸茸的小白兔来表示。

数字 915

9 是“pa”或“ba”，1 是“ta”或“da”，5 是“la”。915 可以

读成“pa-ta-la”“pa-da-la”，或者“ba-ta-la”“ba-da-la”。重复几遍这些语音，你会想到什么图像词？用“paddle ['pædl] 划桨”来表示“p”“d ”和“1”的语音怎么样？或者用“battle ['bætl] 战斗”表示“b”“d ”和“1 ”的语音。“paddle”和“battle”都可以代表 915。我认为“paddle”好一些，因为它更具体，比“battle”更容易想象出图像。

现在，如果遇到更长的数字，比如四位数、五位数、六位数甚至更多位数的数字，该怎么办？不难，把它切分成小块就好。我们来看看 7783 这个数字。我想象了一个表面满是泡沫的蛋糕，为什么我会有此联想？如果你把进阶魔术记忆的前几章掌握得很好，你肯定能答得上来。因为我把 7783 分成了 77 和 83。77 的图像词是什么？蛋糕。83 呢？泡沫。把长数字切分成小块——分成几块视具体数字而定——你就可以用图像词把这些小块记下来。

我们再看一个四位数：3063。合上书，想一想你要如何把它转化成图像词。

一只举着杠铃的麋鹿怎么样？这幅图像是怎样想象出来的？我把它切分成 30 和 63，30 的图像词是麋鹿，63 的图像词是健身房。一说到健身房，我就想到杠铃。所以一只举着杠铃的麋鹿就能帮我记住 3063。

对于一个较长的数字，你可以用我们在本书第一部分所学的记忆链和定桩技巧，把很多幅图像关联起来。

记忆电话号码

如果你不需要查找，随口就能报出你要找的电话号码，做起事来也会顺当多了。只要稍加练习，把你想记住的电话号码转化成图像词，再把它们关联在一起，不久以后你就能对这些数字过目不忘。

顺便说一下，记电话号码的时候，你通常还得记住它的主人。我们一起讨论一个例子，比如你想记住比尔·史密斯（Bill Smith）的电话号码，472-2252。你如何用我们的魔术记忆法把它记下来呢？

你要把电话号码贴到比尔·史密斯身上。记忆东西的第一步是什么？我们需要先建一个桩子来存放信息。我们已经认识了比尔·史密斯，所以我们可以把电话号码贴到他身上，确切地说，是贴到一个活生生的“比尔·史密斯”的图像上，因为我们是用图像思考的。第二步，我们需要把号码变成图像。然后第三步，我们要用动作，把这串数字跟比尔联结。

那我们就把 472-2252 跟比尔扯到一起吧。我首先要把这个数字分解成几个小部分。我用“raccoon [rəˈkuːn] 浣熊”这个词代表 472。数字 4 的语音是“ra”，7 的语音是“ca”，2 是“na”。因此，472 是一只浣熊。

然后我们把最后四个数字分成两部分。我们已经知道 22 是

“na-na”——“nun 修女”，52 则是“la-na”——“lion 狮子”。现在花五分钟，我们就可以把比尔的电话号码记在心里。合上书，先试着自己做一下，然后我再解释我是怎么做的。

你想象出动作丰富的画面了吗？

我想象比尔·史密斯周围围满了浣熊。他正在和一个修女玩抛接球的游戏，不停地抓起浣熊砸向她。然后一只狮子走过来，站在修女身后。它大声咆哮，修女吓坏了，她一紧张，就开始把浣熊扔回给比尔，速度越来越快。狮子越吼越大声，她的动作也越来越快。整个场景就是这样。

把这个小场景在你的脑海中反复过几遍。下次你再想问“比尔·史密斯的电话号码是多少？”时，这个浣熊、修女和狮子闹作一团的画面就会立刻浮现在你的脑海中。你可以在几秒钟内把电话号码破译出来，就是 472-2252。

通过创造图像，并用动作将它们联系在一起，你就能将你要记忆的信息锁定在记忆里。最开始回忆这些信息时，你需要先在脑海里放映一遍这些画面，然后你再回忆这些信息，熟练后就不再需要经过浏览图像这一过渡步骤，而是可以直取最终结果。在比尔·史密斯的案例中，他的号码会立即浮现在你的脑海里。那些图像已经留存在你的无意识中。你想到比尔的时候，自然而然就能记起他的电话号码。你之前所做的所有基础工作开始得到回报。

再看一个电话号码，648-7910。我们可以用“sheriff [ˈʃerɪf]

警长”这个图像词来表示648。“sha-ra-fa”对应6-4-8。数字7910就是“cupids ['kju:pid]丘比特”。“ca-pa-da-sa”对应7-9-1-0。因此，在你的脑海中想象一个警长向一群绕着他飞舞的丘比特开枪，再将这幅图像跟拥有该号码的组织或个人联系起来。下次你再问自己“那是什么电话号码？”时，脑子里就会浮现警长射击丘比特的画面。将“sheriff”解码为“sha-ra-fa”,“cupids”解码为“ca-pa-da-sa”，分别对应648和7910，就能得到你想要的电话号码。

熟练掌握后，你还可以用这种定桩技巧来记忆更长的数字，比如银行账户和信用卡号。

比如，你想记住美国运通卡的号码，它有十五个数字。首先想象一张巨大无比的美国运通卡，无比巨大，比什么都大，这就是你的桩子。然后将这一长串数字切分成小块，再将每一小块转化为图像，把这些图像连成画面。在你的脑海中，用极尽夸张、滑稽无厘头的动作把整个画面定桩到信用卡上。由此你就把这串数字记住了。

下次你问自己“我的卡号是多少？”时，一张巨大的美国运通卡就会跳进你的脑海里，带着你固定在上面的图像。跟“浣熊”“修女”和“狮子”的案例一样，你用几秒钟就能解读出这些图像背后的数字。

图像词还原为数字

要将这些记忆技巧运用顺畅，你需要对数字与图像词之间的相互转换得心应手，即时反应。我们已经练习过将数字转换为图像，现在我们练习反向转化，将图像词还原为数字。

例如，我们来看“casino [kə'siːnəʊ] 赌场”这个词。“casino”是什么数字？大声说几遍这个词，“casino，casino，ca-si-no”，我们就能得到“c”“s”和“n”的语音，“ca-sa-na”。“ca”是 7，“sa”是 0，“na”是 2。“casino”就是 702。如果你忘记了每个语音对应的数字，可以回头复习身体清单。在身体清单里，“ca”是“collar”，是我们身体清单的第七个桩子。“sa”是“ceiling”，是最后一个桩子，也就是 0。“na”是“knees”，是我们的第二个桩子。两种思路都能得到同样的结果，702。

我们再多做几个练习，把词语转化成数字。“rainbow ['reɪnbəʊ] 彩虹”，大声说几遍，“rainbow，rainbow，ra-na-ba”。“ra”是 4，“na”是 2，“ba”是 9。所以“rainbow ”就是 429。

“mint [mɪnt] 薄荷”，大声说出来，“mint，mint，ma-na-ta”。“ma”是 3，“na”是 2，“ta”是 1。“mint”就是 321。

现在我们知道了图像词和数字之间如何相互转换。要记住任何数字——无论是价格、密码，还是账号——只需要花几秒钟把它转化成图像，然后把这些图像固定在桩子上，或者把它们串联起来。下次你要“召唤”这个数字的时候，你问自己“这个价格 / 密码 / 账号是什么？”的时候，这些图像就会跳进你的脑海里。你再花几秒钟来破译，答案就有了。

那天是星期几

现在我们讲些有趣的小技能。学会以后，任意说一个日期，你都能算出那天是星期几，不管是过去的还是未来的日期，只需要一个数学公式。记住这个公式，你就能知道你自己、朋友或爱人是在星期几出生的，知道某个历史事件发生在星期几，知道你的父母或姨妈姨父是在星期几结的婚。这是一个有趣的小技能，是郊游聚会时找乐子打发时间的小游戏。

这个数学公式分为十一步，操作如下：

1. 将月份转换成其代表数。

一月是 2，二月是 5，三月是 4，四月是 0，五月是 2，六月是 5，七月是 0，八月是 3，九月是 6，十月是 1，十一月是 4，十二月是 6。

2. 用日期减去 7 或 7 的倍数。

3. 保留差值。

4. 将年份的前两位数转换成其代表数。

16××年，年份前两位对应的数字是 6，17××年是 4，18××年是 2，19××年是 0。年份前两位的数字每四年重复一次。因此，从2000年开始，年份前两位重新回到6，21××年则对应4，以此类推。回溯到16××年之前，则逆向反推。15××年是0，14××年是2，13××年是4，12××年又是6，以此类推。

5. 将年份末两位数字减去7的倍数（接近或等于年份末两位数字的7的倍数）。

6. 保留差值。

7. 用年份末两位数字除以4。

8. 保留商数，去掉余数。

9. 将第1、3、4、6、8步的得数相加。

10. 将第9步得到的总数减去7的倍数（接近或等于和数的7的倍数）。

11. 将结果转化为星期几。

1代表星期日，2代表星期一，3代表星期二，4代表星期三，5代表星期四，6代表星期五，7代表星期六。

使用这个数学公式时，你只需要给以下四项分配相应的代表数字：月份、日期、年份前两位以及后两位数字。让我们以1891年3月13日为例说明：

1. 3月的代表数字是4。

2. 13减去7等于6（日期若小于7则不用减）。

3. 保留差值6。

4. 18的代表数是2。

5. 91减去7的倍数是0（7×13=91）。

6. 保留差值 0。

7. 91 除以 4 等于 22 余 3。

8. 保留商数 22。

9. 把 1、3、4、6、8 项的得数相加：4+6+2+0+22=34。

10. 34 减去 7 的倍数（接近 34 的 7 的倍数是 28），34−28=6。

11. 6 代表星期五，那么 1891 年 3 月 13 日是星期五。

长数字转化为图像

1. 将长数字分解成小部分。

2. 为每部分数字选择图像词。

3. 把所有的图像词关联起来。

记忆电话号码

1. 给电话号码的主人创造一个生动的图像作为桩子。

2. 将电话号码分成几个小部分，并为每个部分创造一个图像。

3. 把电话号码的图像组合起来，与电话号码的主人的图像联结。

那天是星期几

1. 将月份转换成其代表数。

2. 用日期减去 7 或 7 的倍数。

3. 保留差值。

4. 将年份的前两位数转换成其代表数。

5. 将年份末两位数字减去 7 的倍数。

6. 保留差值。

7. 用年份末两位数字除以 4。

8. 保留商数，去掉余数。

9. 将第 1、3、4、6、8 步的得数相加。

10. 将第 9 步得到的总数减去 7 的倍数。

11. 将结果转化为星期几。

代表月份的数字

一月是 2，二月是 5，三月是 4，四月是 0，五月是 2，六月是 5，七月是 0，八月是 3，九月是 6，十月是 1，十一月是 4，十二月是 6。

代表星期的数字

星期日是 1，星期一是 2，星期二是 3，星期三是 4，星期四是 5，星期五是 6，星期六是 7。

必备的脑力训练

练习 1

写出下列数字的语音，并想象出其代表的图像。

173

339

818

596

500

287

672

789

7458

3276

6600

713-7281

$512,215

922-9063

$333,499

314

116

919

720

261

494

946

1061

8199

5523

244-3922

$21,932

561-0098

$8,607

练习 2

将下列词语转换成对应的三位数。

terror 恐怖

castle 城堡

passionate 激昂的

topic 话题

panic 恐慌

fashion 时尚

vacuum 真空吸尘器

manage 管理

dazzle 使目眩

margin 边缘

loudly 大声地

bomb 炸弹

wrist 手腕

laughter 笑声

enlarge 放大

caffeine 咖啡因

chopper 斧头

答案

terror—144，margin—346，castle—705，loudly—515，passionate—962，bombs—930，topic—197，wrist—401，panic—927，laughter—581，fashion—862，enlarge—256，vacuum—873，caffeine—782，manage—326，chopper—694，dazzle—105

第二十四章　记忆扑克牌

我曾经在拉斯维加斯举办研讨会，礼堂里坐了几千人。我对大伙说：“这里是魔术记忆课。有多少人有兴趣学习一下如何记忆扑克牌？”所有人都举起了手。“很好，”我高兴地说，“但是你学了之后，可不要过分炫技妨碍你的朋友们赚钱。”礼堂后排的一个人喊道：“为什么不可以？”

你如何使用魔术记忆技巧，关键在于你自己，但我保证你熟练掌握本章所讲的技巧以后，任何时候不管谁出牌、出什么牌的扑克牌游戏，比如桥牌，你都能记得清清楚楚，就像在玩一个简单的记忆力大比拼游戏一样。

还记得记忆任何东西需要的三个步骤吗？（1）创建一个存放信息的地方——桩子；（2）将信息转化为生动的图像；（3）用“脑力胶”——动作将图像与桩子紧密地连接。我们已经对步骤（1）和（3）进行了大量的练习，即创建桩子和动作。这些步骤对扑克牌也同样适用。就扑克牌而言，记忆过程唯一不同的是步骤（2），即把扑克牌转换为图像。本章我们学习用图像词和身体清单说明如何记忆扑克牌。请提前准备好一副扑克牌，供练习使用。

给扑克牌创建图像

我们先给五十二张扑克牌一一创建图像词。由于你已经在前面的章节中为数字 1 到 100 创建了图像词，只要再给每张扑克牌设定一个数字，我们的工作就完成了，因为我们已经有了每个数字的图像词。

方法很简单。扑克牌有四个基本花色：黑桃、方块、梅花和红桃。我们给每种花色分配一些关键数字。

黑桃（spades）

想象你有一把小铲子——长得像黑桃的形状。想象你拿着这把黑桃铲，把你的脚趾头铲伤，你感觉很痛。现在，想想"脚趾（toe）"是我们图像词的哪个数字？是 10："ta"是 1，"sa"是 0，所以"脚趾（toe）"是 10。因此黑桃是数字 10。

方块（diamonds）

想象一只大麋鹿，它的身上挂满了长得像方块的菱形钻石，闪闪发光。现在想一下，麋鹿（moose）在我们的图像词中是什么数字？ 30。因此，方块的关键数字是 30。

梅花（clubs）

在你的脑海中想象灵犬莱西（Lassie）的样子，这是大家最喜欢的牧羊犬。再想象一根粗壮的棍子，又粗又壮，就是穴居野人用的那种。想象你向莱西（Lassie）挥舞着棍子（club，它既可指棍子，也可指扑克牌梅花），它一边闪避一边不甘示弱地回击："汪！汪！汪汪！""灵犬莱西（Lassie）"在图像词中是数字 50，所以梅花（clubs）的数字是 50。

红桃（hearts）

在脑海里想象一个花瓶，一个放在窗前的白瓷花瓶。花瓶上镶嵌着红宝石色的心形图案，阳光照射进来，这些心形大小不一，在阳光中反射着灿烂光芒。花瓶（vase）在图像词中是数字 80，所以红桃的数字是 80。

我们现在复习一下。黑桃是什么数字？你脑子里应该浮现桃形铁铲铲痛脚趾的画面，所以黑桃的数字是 10。方块是什么数字？一只浑身披挂钻石的麋鹿，方块是 30。梅花是什么数字？你挥舞着棍子想要击退灵犬莱西，梅花是 50。那红桃呢？一个美丽的白色花瓶上镶着红桃图案，正熠熠反射着光芒，所以花瓶是 80。

要牢牢记住这四个关键数字，然后复习下面的列表，先盖住一边，再换另一边，确保你看到花色能想起对应的数字，看到数字也能马上想起花色。开始吧。

黑桃	10	**方块**	30
梅花	50	**红桃**	80

现在，我们要怎么给每个花色的每一张牌分配数字呢？每种花色都有十三张牌，我们只需给每张牌分配一个数字，从 1 到 13，然后把它加到我们指定的每个花色的关键数字上。

在魔术记忆里，我们从A开始，然后是2，3，4，5，6，7，8，9，10，J，Q，K。J是11，Q是12，K是13。

黑桃的代表数字是10。创建黑桃每张牌的数字是10，所以黑桃A是11，黑桃2是12，黑桃3是13，黑桃4是14，以此类推。黑桃J是21（10+11），黑桃Q是22（10+12），黑桃K是23（10+13）。现在每个黑桃的牌都有了对应的数字。

我们复习一下。大声说出以下每张牌的数字。用直尺挡住答案，或者跟同伴一起练习。

黑桃7的数字 ______？	答案：17
黑桃10的数字 ______？	答案：20
黑桃A的数字 ______？	答案：11
黑桃J的数字 ______？	答案：21
黑桃K的数字 ______？	答案：23
黑桃Q的数字 ______？	答案：22
黑桃J的数字 ______？	答案：21
黑桃2的数字 ______？	答案：12
黑桃A的数字 ______？	答案：11
黑桃8的数字 ______？	答案：18
黑桃9的数字 ______？	答案：19
黑桃5的数字 ______？	答案：15

复习以上内容你用了多长时间？下面这个练习，我希望你能在速度上下功夫，也就是说，要即问即答。挡住一边列表，

再换另一边。说到任意一项，脑子里要立即想到对应的数字或扑克牌，无论是看牌说数字还是看数字说牌。练习五到十分钟，直到你能做到即时反应，可以单独练习，也可以和伙伴一起。大声开口说出来，开始吧。

黑桃 7	**17**	**黑桃 10**	**20**
黑桃 J	**21**	**黑桃 K**	**23**
黑桃 Q	**22**	**黑桃 2**	**12**
黑桃 A	**11**	**黑桃 8**	**18**
黑桃 9	**19**	**黑桃 5**	**15**
黑桃 6	**16**	**黑桃 3**	**13**
黑桃 4	**14**		

把所有牌打乱顺序，再练一次。速度跟上来以后，再练习下一个花色。我给出一张牌或一个数字，你要立刻说出它对应的数字或牌。用直尺或跟伙伴一起练习。记住，以最快的速度大声说出来。

准备好了吗？我们开始吧。

19	答案：黑桃 9
23	答案：黑桃 K
20	答案：黑桃 10
11	答案：黑桃 A
黑桃 5	答案：15
黑桃 8	答案：18

黑桃 K	答案：23
黑桃 J	答案：21
黑桃 10	答案：20
黑桃 7	答案：17
11	答案：黑桃 A
16	答案：黑桃 6
22	答案：黑桃 Q
21	答案：黑桃 J
12	答案：黑桃 2
黑桃 A	答案：11

跟上速度了吗？回到上面的列表，再练习五到十分钟，让它牢牢扎根在你的记忆中。

方块的代表数字是 30。用同样的方法创建方块的每一张牌的数字，方块 A 是 31（30+1），以下类推，32，33，34，35，36……43。练习下面的列表，直到从正反两个方向都能对答如流。念左边的扑克牌，然后立即说出对应的数字；或者念数字，说牌名。如此反复练习五到十分钟。

方块 7	**37**	**方块 10**	**40**
方块 J	**41**	**方块 K**	**43**
方块 Q	**42**	**方块 2**	**32**
方块 A	**31**	**方块 8**	**38**
方块 9	**39**	**方块 5**	**35**

方块 6	**36**	**方块 3**	**33**
方块 4	**34**		

再练习一遍，跟上速度，然后再继续看梅花。我给出一个数字或一张牌，你要立即大声说出它的对应项。同以前一样，用直尺或者和伙伴一起做。

准备好了吗？开始。

31	答案：方块 A
36	答案：方块 6
40	答案：方块 10
方块 Q	答案：42
方块 K	答案：43
方块 J	答案：41
方块 3	答案：33
方块 5	答案：35
方块 9	答案：39
方块 10	答案：40
方块 J	答案：41
方块 Q	答案：42
方块 K	答案：43
方块 J	答案：41
方块 Q	答案：42
方块 K	答案：43

现在请拿出扑克牌，挑出方块和黑桃，洗好牌。把牌倒扣拿在手里，每次翻一张牌，立即说出相应的数字。速度越快越好。全部完成之后，重新洗牌，再练一次。反复练习十到十五分钟，做到即见即答。合上书，开始做练习吧。

梅花的代表数字是50。按照上述方法，梅花A是50+1=51，梅花2是52，梅花3是53……梅花K是63。

跟方块一样，从正反两个方向练习下面的列表。说出左边的牌，然后马上说出代表的数字；或者先说数字，再叫出牌名，练习五到十分钟。

梅花7	**57**	**梅花10**	**60**
梅花J	**61**	**梅花K**	**63**
梅花Q	**62**	**梅花2**	**52**
梅花A	**51**	**梅花8**	**58**
梅花9	**59**	**梅花5**	**55**
梅花6	**56**	**梅花3**	**53**
梅花4	**54**		

现在我们来做一个测试，看看你是否能跟上速度。我给出数字或牌，你要立即说出它对应的牌或数字。用直尺或跟伙伴一起做。请大声说出来。

准备好了吗？开始吧。

51	答案：梅花A
55	答案：梅花5

59	答案：梅花 9
60	答案：梅花 10
63	答案：梅花 K
12	答案：黑桃 2。
梅花 5	答案：55
63	答案：梅花 K
60	答案：梅花 10
58	答案：梅花 8
36	答案：方块 6
19	答案：黑桃 9

回到梅花的列表，练习五到十分钟。确保你看到一项能立即说出对应的另一项。开始吧。

红桃的代表数字是 80。红桃每一张牌的数字很容易就可以看出来：红桃 A 是 81，红桃 2 是 82，红桃 3 是 83，红桃 4 是 84，红桃 5 是 85……红桃 J 是 91，红桃 Q 是 92，红桃 K 是 93。

练习下面的列表，做法跟以前一样。先说出左边的牌，然后立即说数字；再反过来说数字，回答相应的牌。这样来回练习五到十分钟。

红桃 7	**87**	**红桃 10**	**90**
红桃 J	**91**	**红桃 K**	**93**
红桃 Q	**92**	**红桃 2**	**82**

红桃 A	**81**	**红桃 8**	**88**
红桃 9	**89**	**红桃 5**	**85**
红桃 6	**86**	**红桃 3**	**83**
红桃 4	**84**		

现在我们来练习速度。我给出数字或牌，你来说对应的牌或数字。记住，速度很重要，要大声说出来。

准备好了吗？开始吧。

89	答案：红桃 9
83	答案：红桃 3
93	答案：红桃 K
81	答案：红桃 A
90	答案：红桃 10
88	答案：红桃 8
84	答案：红桃 4
红桃 3	答案：83
红桃 J	答案：91
红桃 Q	答案：92
红桃 K	答案：93

现在花五到十分钟复习上面的红桃花色牌列表，把它们牢记于心。

再次拿出你的扑克牌，跟练习黑桃和方块花色时一样，挑出梅花和红桃，洗好牌，牌面朝下，然后逐一翻牌，以最快的速度说出相应的数字，练习十五分钟。这是一个很好的复习方法。合上书，开始复习吧。

现在用整副牌重复这个练习。洗好牌，用十五到二十分钟翻牌，并说出它们的数字。开始吧。

如果你是一个扑克迷，我建议你接下来几天不时做一做这个练习。练得越熟练，记忆就转得越快，上阵玩牌的时候就越容易记得牌面。

本章节的最后，我们用扑克牌做一个变式练习。我们已经练习过一边翻开牌一边说出数字。你既已掌握这个方法，现在我想让你练习说出每张牌所代表的数字对应的图像词。例如，你翻开一张牌，是红桃 4，那红桃 4 的图像词是什么？

我们来算一算。红桃 4 的数字是 84（80+4）。我们前几章学习过图像词，数字“84”的图像词是什么？你的脑海中应该会浮现一个热油滚滚的油锅，所以红桃 4 的图像词是“fry（油炸）”。

我们再做一个。方块 A 的图像词是什么？

方块 A 的数字是 31（30+1）。你脑海中浮现的 31 的图像是什么？“maid（女仆）。”

现在你来翻牌。看着牌面想数字，然后说出数字所代表的图像词。用上你学过的语音，在脑子里生动地想象出图像。

合上书，开始翻牌吧。

玩牌的技巧

现在你已经记住了五十二张扑克牌的数字和图像词。如果有人打出一张红桃 4，你就知道它是 84，图像是一个煎锅。这在实际打牌时会很有优势。

这些图像要怎么用呢？有两种方法。第一种是在一群人玩的时候，你能知道谁出了什么牌。

假设你和其他三个人一起打牌，比如说桥牌。在桥牌游戏中，知道谁打了什么牌很重要。想想我们的记忆三步骤，你现在有了每张牌的图像，要用上这些图像，你需要什么？一个可以把它们定桩的地方。任选一个桩子清单，别人出牌或赢牌时，你只要给那张牌创造一幅图像，再把它固定在桩子上。

在纸牌游戏中，房子清单我用得最顺手。给每个玩家分配一个房间，我们已经在每个房间选好了五个桩子，比如玩家 A 拥有 1 号房间，即你的客厅，里面有沙发、音响、书架、躺椅和电视。餐厅可能分给了玩家 B，餐厅里也有五个桩子。当然，如果你把魔术记忆运用得纯熟，可以把桩子清单做得更长。

如果你想记住一个玩家出了什么牌，就把那张牌的图像贴到第一个房间的第一个桩子上。例如，玩家 A 出了红桃 4，你就把油锅贴到沙发上，可以想象巨大的煎锅里炸着一张香喷喷的小沙发。用这个方法，无论多少张牌，你都可以随心所欲地记住，就像在每个玩家的头上安了一个文件柜，你可以随时查看，记住谁打了哪些牌。

如果有人叫牌或翻牌试探你，或者需要记住出牌顺序时，魔术记忆也可以一显身手。牌一翻开，你立刻就能想出它的图像，再用同样的定桩技巧记住牌面。你可能更喜欢用其他的桩子清单来记忆，身体清单或树清单均可。重要的是要把下一张叫的牌或翻的牌固定在桩子上。

也有些人玩牌时喜欢用记忆链来记忆。他们用每张牌的图像创造出一个滑稽可笑的故事，就像我们自由女神像的故事一样，出的牌越来越多，故事也就越发离奇荒诞。在脑子里回想这个故事，就能记起打牌或出牌的确切顺序。

即使你对玩牌没兴趣，本章中的记忆练习也能锻炼记忆力，尤其是提高记忆速度。找一副扑克牌，花点时间给五十二张牌分派数字，想象出图像。记住以后，它们就可以为你所用了。

复习

扑克牌花色和其代表的数字

黑桃 10

黑桃 A	11	黑桃 2	12
黑桃 3	13	黑桃 4	14
黑桃 5	15	黑桃 6	16
黑桃 7	17	黑桃 8	18
黑桃 9	19	黑桃 10	20
黑桃 J	21	黑桃 Q	22
黑桃 K	23		

方块 30

方块 A	31	方块 2	32
方块 3	33	方块 4	34
方块 5	35	方块 6	36
方块 7	37	方块 8	38
方块 9	39	方块 10	40
方块 J	41	方块 Q	42
方块 K	43		

梅花 50

梅花 A	51	梅花 2	52
梅花 3	53	梅花 4	54
梅花 5	55	梅花 6	56
梅花 7	57	梅花 8	58
梅花 9	59	梅花 10	60
梅花 J	61	梅花 Q	62
梅花 K	63		

红桃 80

红桃 A	81	红桃 2	82
红桃 3	83	红桃 4	84
红桃 5	85	红桃 6	86
红桃 7	87	红桃 8	88
红桃 9	89	红桃 10	90
红桃 J	91	红桃 Q	92
红桃 K	93		

必备的脑力训练

练习

给每张牌写出对应的数字，以及数字对应的图像词。

梅花 7 →数字 ______ 图像词 ________?

黑桃 J →数字 ______ 图像词 ________?

黑桃 2 →数字 ______ 图像词 ________?

梅花 3 →数字 ______ 图像词 ________?

梅花 Q →数字 ______ 图像词 ________?

红桃 10 →数字 ______ 图像词 ________?

方块 A →数字 ______ 图像词 ________?

方块 10 →数字 ______ 图像词 ________?

红桃 6 →数字 ______ 图像词 ________?

方块 5 →数字 ______ 图像词 ________?

方块 K →数字 ______ 图像词 ________?

梅花 9 →数字 ______ 图像词 ________?

红桃 K →数字 ______ 图像词 ________?

黑桃 4 →数字 ______ 图像词 ________?

红桃 8 →数字 ______ 图像词 ________?

答案

1. 梅花 7 →数字 57　　图像词 lock
2. 黑桃 J →数字 21　　图像词 net
3. 黑桃 2 →数字 12　　图像词 tin
4. 梅花 3 →数字 53　　图像词 lamp
5. 梅花 Q →数字 62　　图像词 chain
6. 红桃 10 →数字 90　　图像词 bus
7. 方块 A →数字 31　　图像词 maid
8. 方块 10 →数字 40　　图像词 rice
9. 红桃 6 →数字 86　　图像词 fish
10. 方块 5 →数字 35　　图像词 mail
11. 方块 K →数字 43　　图像词 ram
12. 梅花 9 →数字 59　　图像词 leap
13. 红桃 K →数字 93　　图像词 palm
14. 黑桃 4 →数字 14　　图像词 tire
15. 红桃 8 →数字 88　　图像词 fife

第二十五章　改掉坏习惯，找回遗忘的记忆

在本章节，我们讨论魔术记忆的两个应用。一个是改掉坏习惯，如暴饮暴食或吸烟；另一个是找回遗忘的记忆。我将和你一起分享我的经验，希望能给予你激励，让你的魔术记忆训练更上一层楼。

改掉坏习惯

我在书中讲过，我们的无意识思维是一台有着强大联想功能的计算机。

大脑处理信息时，这件事会让你想起那件事，而那件事又会让你想起其他事。环环相扣，循环往复。这种快如闪电的复杂关联网是魔术记忆的基础。通过训练自己以特定的方式思考，我们就能学会如何有秩序地关联各种信息，并在需要时随时调用。

然而，有些无意识的关联活动，对我们却无甚益处，反而非常有害，例如吸烟或暴饮暴食。因为在过去，我们应对某些情况——比如面对压力时的做法，已经成为我们记忆回路的一

部分。要改掉这些习惯，必须经过艰难的自我斗争。戒除坏习惯的困难视具体情况而变，有些源于身体因素（如尼古丁或酒精成瘾），有些则来自心理和情绪的影响。

在这里我想先说我自己的一个坏习惯，它甚至一度让我的生活几近失控，我会告诉你我如何用魔术记忆法改掉它。

我不能说魔术记忆法能改掉你的每一个坏习惯，但我相信，它的强大能量会成为你挣脱泥淖的有力工具。你已经学会如何将数量惊人的信息相互关联起来，你也可以学会怎么去中断这种联结。

我是一个吃货，或者更确切地说，我暴饮暴食。我在一个意大利家庭长大，我们喜欢美食。民以食为天，对于大多数人来说，吃是生命中非常重要的一部分，我也一样。高兴了，吃；难过了，吃；升职加薪，吃；有人结婚，我们还是吃。无论发生什么事，好的坏的，吃一顿总能让我们恢复元气。

当然，这种将感觉和食物关联起来的法子很有用，但过犹不及。这种关联是如此深入人心，即使心不甘情不愿，你也不自觉地随着大流走。你不想吃，但你的无意识引导你去吃。于是你就会发现：你的饮食由天不由你。我便是如此。

我决定用魔术记忆法夺回对自己饮食的主导权。我做的第一件事是切断食物和愉悦之间的联结。我们在第二章讲过，身体无法区分想象和真实之间的区别，所以我决定创造一个事实来取代旧有模式。我开始将蛋糕、饼干、糖果和其他甜食跟痛苦联系起来。我想象自己胖得不成样子，惨兮兮的，没有一个人喜欢我。我一边大口吞着冰激凌和蛋糕，一边绝望地号啕大哭。同时，我开始将水果、蔬菜和运动等跟快乐联系起来。我看到自己面带微笑走在街上，身材苗条，意气风发，好像世界都在我脚下。我每天都花上十分钟做这些心理练习。

结果惊人。两个月内，我减掉了二十千克。我不再感到饥饿，每天都活力满满。我改变了大脑中对于饮食的记忆，现在我已是一个全新的人。

如今我去餐馆用餐，服务员推荐甜点时，我会说："不用了，我吃好了。"这简直难以置信！我很高兴，因为我的大脑自动发出了指令："不，这些会给你带来痛苦。"（与之相对的是，"拒绝这些会给你带来快乐"。我选择将想象跟痛苦关联，因为相较快乐，痛苦是更有力的激励因素。将进食与痛苦联系起来会比把拒食与快乐联系起来效果更好。）

有许多稀奇古怪的办法可以调节你的大脑对痛苦与快乐的反应。我的方法很简单，创造生动夸张、饱含感情的心理画面，并用动作将它们附着在你脑海中，这样做能改变你的记忆，从而改变你的行为。

找回遗忘的记忆

几年前，我在一个广播节目中担任嘉宾，一位女士打电话过来说："凯文，我学习过你的魔术记忆法，这个记忆法很神奇。但我有一个问题想请教你。"我问她是什么问题。

"几年前我和丈夫去欧洲度假，为期三个月，"她解释说，"我把珠宝盒藏在了一个没有人能够找到的地方，从来没有人找到过，包括我！"

我们都笑了起来，主持人也笑了。但我只能遗憾地告诉她我帮不了她。我解释说，魔术记忆法教你如何组织和处理新的信息，便于日后回想。但这位女士在藏珠宝盒时没有做相关的联结，所以魔术记忆法无法解决她的问题。

然而，我离开广播电台后一直在思考这位女士遇到的问题。很多人经常找不到东西放哪儿了，因为他们随手放下某个东西的时候记忆没有参与进来，很多信息我们认为已经遗忘无法忆起，但其实它就静静地躺在我们大脑的某个角落里。

我们经历的一切——所见、所闻、所感、所想等都会锁在记忆的某个角落里，一直跟随着我们。有什么办法可以回忆起这些信息呢？

接下来，我会跟你分享处理这种情况的两个技巧。这是我多年研究的结果，也因此让成千上万人受益。我常常收到许多读者的来信，他们采用我分享的两个技巧，或找回了遗失的贵重物品，或重新联系上了失散多年的朋友，或记起了他们学过但以为早已忘记的东西，他们对此激动不已，因此纷纷写信将这份喜悦与我分享。

这两个技巧非常简单。然而我不得不承认，它们并非万全，但只要坚持不懈，持续应用，它们大多时候都能奏效。每个技巧每天大约需要花上十分钟，每天都要应用。任何事情都不是一蹴而就的。如果今天没有成功，明天再试；明天你要回想的信息大约也不会马上出现，故而要持续不断坚持应用，直到你真正回想起来。大多数情况下，只需经过几次训练就能回想起来很多事情；有时可能需要几个月。极少数情况下，有些人没能找回他们想要的东西。

我们在第七章讲过身体和记忆的相互作用，我曾经谈到压力对记忆的影响有多大，无论压力是短期的（比如你在工作中连续几天或几周承受了很大的压力）还是长期的。长期压力可能是由情感上的痛苦造成的。如果某件事带给你痛苦的回忆，你不自觉地不想经历这种痛苦，则与该事件相关的记忆就会被压制，有时还会引发身体的病痛。针对这些情况，医学上已有许多不同的疗法，帮助人们摆脱这些障碍。人们常以剥洋葱做类比，说明这些疗法是如何发挥作用的，把大脑一层层剥开来，就可以看到被压抑的记忆。

魔术记忆的工作原理与此类似。你知道你想找的信息就在你记忆的某个角落，只是被周围的其他信息挡住了。当然，魔术记忆无法替代医学疗法解决复杂的情绪问题，但只要坚持不懈地使用，它们可以帮你找回那些遗失的记忆。

技巧 1

第一个技巧有三个步骤：

1. 写下你想要回想的事件。

2. 尽可能确定你第一次意识到遗忘这个事件的时间节点。

3. 问自己有关当时的“背景”和“感觉”，来重现那个时刻。

首先明确想回忆的确切物件，把它写下来。而且，要用积极、肯定的态度来描述。例如，你丢了一副太阳镜，不要只写“我遗失了一副太阳镜”，而要写“我想记得我把太阳镜放在哪里了”。

明确写下你想回忆的具体物件以后，就可以试着重温你第一次意识到物品遗失的时刻。如果想记起“遗忘”的信息，你要尽可能“复活”你第一次知道物品丢失的情形。

要“复活”彼时情景，就要用到第三步，追问自己当时的背景和感受。要大声询问自己这些问题。整本书我都在强调大声开口说，因为它对记忆影响巨大。在这个技巧中，大声询问出声也同样重要，这样可使大脑中的神经通路尽可能以各种不同的方式来处理信息。

以太阳镜为例。尽你所能，回想你第一次意识到太阳镜遗失时的情形。比方说是在一天晚上看电视的时候，想象一下你在看电视，生动地描绘这个情形。现在开始问关于那晚的具体问题，越具体越好。这里举出一些问题，比如，你可以问自己：“为什么电视机是开着的？我在看什么节目？我还做着什么别的事情吗？我当时坐在哪里？沙发或椅子是什么样子的？那时我在煮东西吗？我在吃零食吗？那天晚上有什么声音吗？还有谁和我待在一起？我们有没有在谈论什么？发现太阳镜不见的前一刻，我在做什么？发现之后又做了什么？那天我收到了什么样的邮件？”

继续询问自己此类问题，尽可能详尽具体。不要忘记问问颜色、声音、气味，以及当时的感受。还要注意，你的问题不是关于你要找的东西，而是围绕着你意识到物品丢失那一刻的情形来提问，所以我称之为背景问题。

花几分钟询问背景，继续进入下一个类型的问题，即感觉问题。这一点极为重要。“那天晚上我感觉如何？我的心情好吗？还是心情不好？我玩得开心吗？我有压力吗？我为什么会有这种感觉？那天我有没有因为什么事情感到痛苦？身体上有什么不妥吗？背痛，头疼？我是否跟家人发生争吵？我有没有收到什么好消息？或者坏消息？”

继续提问，大声地、不间断地提问，大约十分钟。发问时试着想象当时的情景。

我来解释一下提问过程中发生了什么。我们在本章开头说过，你的头脑是一台具有强大联想功能的电脑，每个信息单位都与其他信息单位相互关联。你要找到与你想要找寻的对象相关联的东西。我们正是试图通过这些问题，找到这种特殊的联系。同时，我们也在“剥洋葱”，以期消融任何可能妨碍信息浮现的情感痛苦。我们试着隔绝或消除任何伤害、不适、恐惧、愤怒，或其他情绪对信息的影响。做到这一点，我们就能把信息释放出来。

这些问题要问多久呢？留意你何时开始觉得厌烦。矛盾的是，觉得厌烦反而是个好兆头。感到厌烦无聊的时候，你其实没有很好地集中精力在手头的事情上，如此却是超越思考阶段，进入无意识的观察/搜索阶段的大好机会。所以，如果你觉得厌烦了，尽量再多坚持一下，成功的机会将有所增加。提问的时间因人、因事而异，但平均而言，我建议坚持发问大约十五分钟。

在结束提问环节时，你需要给自己下达命令来回忆这些信息。现在所有的信息离浮出水面已然近了一步，一个释放信息的积极指令更能拉近这一步。指令要明确具体，像对下属发出指令一样对你的大脑说：“大脑，回忆一下我的太阳镜在哪里。”“记忆，让我毫不费力地轻松想起，那时我对约瑟芬阿姨的领带做了什么？”

下达命令之后，就尽量忘掉这些，去做别的事情。当你不去想的时候，信息会从心底浮现出来。

有时只需要提问一次就能想起来。然而，更多时候，需要几天甚至更久。往往是你没有在想它的时候，也许是在工作中或开车时，灵光忽现：“哦，原来太阳镜是放在那里了！”对于一个这样简单的思维练习来说，它的效果足够惊人！

在一次研讨会上，一位女士向我讲述了她用这种方法寻回丢失的戒指的故事。大约三年前，戒指从她的手指上滑落，她完全没有意识到，但她的身体感觉到了，这个信息也储存进了她的记忆里。

一连十天，她满怀信心地做这个回想技巧练习。然后，她告诉我，“到了第十一天，我走在杂货店堆放着纸巾产品的过道时，突然，脑子里好像被什么东西敲了一下，我一下子想起来戒指是在我把毛巾放进浴室柜时掉下来的。柜子里也放着很多纸巾，我把毛巾放进去的时候，戒指就从我手上掉了下来。我急忙回到家里，把毛巾从柜子里拿出来，戒指果然在那里！”

信息是相互关联的。三年前，这位女士打开柜子把毛巾放进去时，她看到了纸巾。她的大脑记得看到了纸巾，而她的身体感觉到了戒指滑落，这二者便有了特殊的联系。但这些信息被深埋在她的无意识中，她无法记起来。用我们的方法，她拨云见日，重新翻找出了这种联系——在杂货店的过道里。这是一个唤醒记忆的很好的例子。

还记得那位度假三个月后，回来找不到珠宝盒的女士吗？我联系上她，并说服了她试试我的方法。后来，她找到了，就在水槽下的一个狗粮盒子里。在这个例子中，信息被封印的原因是在她离开的这段时间里，她的狗死了。这只狗很老了，有段时间病得很重。跟以往一样，他们出门前把狗送到了兽医那里，当时看来并不是什么大事。但是，它在他们离开的时候死去了，这位女士很伤心，因此，这个狗粮槽成了一个轻微的情绪障碍，她也就记不得自己把珠宝盒放在那里了。用了这些技巧以后，有一天她在清扫房子，突然灵光一闪，在脑子里看见了狗狗和狗粮槽，珠宝盒就放在里面。

技巧 2

若结合技巧 2，可使技巧 1 更有效。当然你也可以只用技巧 2。

第二个技巧是一种想象放松。它旨在协调大脑左右半球的功能，使大脑进入阿尔法脑波状态。这种状态有助于促进无意识思维与你协同工作，使你能轻松地回忆起想要的信息。

技巧 2 做法如下。找一个平坦舒适的地方躺下来，闭上眼睛。弱光或黑暗的环境效果更佳。闭上眼睛，向前看。整个过程中，保持放松状态，持续这个动作，并保持闭眼。

想象自己站在一个很长的自动扶梯的顶端，你慢慢地走下扶梯，同时，大声倒着数数，从 50 开始，倒数到 1 时，走下扶梯，进入一个想象中最为美丽宁静的世外桃源。有些人想象的桃源之境可能在一棵树旁，有些则在海滩上。但它必定美丽祥和，且能让你身心放松。进入情境以后，跟之前一样，大声开口说，给自己一个积极的自我暗示，大声地命令你的大脑回忆起所有你想要的信息："记忆，给我想要的信息吧。"这可以促使你的无意识自发为你工作。

如果你想结合技巧 1 使用，那么就把它留到你问完自己背景和感觉问题之后，这能让你下达释放信息的命令时，让自己放轻松。

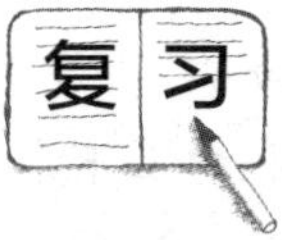

改掉坏习惯

1. 创造一个你想要改掉坏习惯的生动画面。

2. 在画面中加入负面情绪——越多越好。

3. 用夸张、无意义的动作，将这些画面关联起来。

4. 将你想养成的好习惯与积极情绪联系起来，为之创造生动的画面。

5. 用夸张、无意义的动作，将这些画面关联起来。

6. 在你的脑海中回放这两组画面，每天十到十五分钟，直到新的习惯刻入记忆里。

找回遗忘的记忆

技巧 1

1. 写下你想要回想的事件。

2. 尽可能确定你第一次意识到物品丢失的时间点。

3. 通过问自己“背景”和“感觉”问题，尝试重现那个时刻。

技巧 2

1. 找一个舒服的地方躺下。

2. 闭上眼睛。

3. 闭着眼睛，直视前方。

4. 想象自己正从自动扶梯上下来。

5. 大声数数，从 50 倒数到 1。

6. 想象自己从自动扶梯上走下来，进入一个最为美丽、祥和的地方。

7. 大声发出指令，命令大脑记起你想回忆的信息。